Princípios básicos de química analítica quantitativa

Roger Borges

intersaberes

SÉRIE ANÁLISES QUÍMICAS

inter saberes

Rua Clara Vendramin, 58 | Mossunguê
CEP 81200-170 | Curitiba-PR | Brasil
Fone: (41) 2106-4170
www.intersaberes.com
editora@intersaberes.com

Conselho editorial
☐ Dr. Alexandre Coutinho Pagliarini
☐ Dr.ª Elena Godoy
☐ Dr. Neri dos Santos
☐ Dr. Ulf Gregor Baranow

Editora-chefe
☐ Lindsay Azambuja

Gerente editorial
☐ Ariadne Nunes Wenger

Assistente editorial
☐ Daniela Viroli Pereira Pinto

Dados Internacionais de Catalogação na Publicação (CIP)
(Câmara Brasileira do Livro, SP, Brasil)

Borges, Roger
  Princípios básicos de química analítica quantitativa/
Roger Borges. Curitiba: InterSaberes, 2020. (Série Análises
Químicas)

  Bibliografia.
  ISBN 978-65-5517-584-4

  1. Química analítica quantitativa I. Título. II. Série.

20-35970   CDD-543

Índices para catálogo sistemático:
1. Química analítica   543

Cibele Maria Dias – Bibliotecária – CRB-8/9427

Preparação de originais
☐ Ana Maria Ziccardi

Edição de texto
☐ Monique Francis Fagundes Gonçalves
☐ Tiago Krelling Marinaska

Capa e projeto gráfico
☐ Luana Machado Amaro (*design*)
☐ Zolnierek/Shutterstock (imagem)

Diagramação
☐ Luana Machado Amaro

Equipe de *design*
☐ Luana Machado Amaro
☐ Sílvio Gabriel Spannenberg

Iconografia
☐ Regina Claudia Cruz Prestes

1ª edição, 2020.

Foi feito o depósito legal.

Informamos que é de inteira responsabilidade do autor a emissão de conceitos.

Nenhuma parte desta publicação poderá ser reproduzida por qualquer meio ou forma sem a prévia autorização da Editora InterSaberes.

A violação dos direitos autorais é crime estabelecido na Lei n. 9.610/1998 e punido pelo art. 184 do Código Penal.

De modo geral, esta obra é, preferencialmente, destinada a leitores com conhecimentos básicos e intermediários em química e análises químicas, no intuito de fundamentar com bases teóricas, aprimorar e aprofundar métodos usuais em química analítica. Assim, a abordagem utilizada pretende valorizar e respeitar os conhecimentos já adquiridos pelos leitores, dando suporte para seu aprimoramento ou reconstrução do conhecimento já presente, quando este se apresentar de modo insuficiente. Assim, este livro organiza-se, inicialmente, em um breve texto norteador do aprendizado; em seguida, temos uma sequência de capítulos separados de acordo com conteúdos e métodos comuns dentro da química analítica clássica: fundamentos, análise quantitativa, gravimetria, volumetria, complexometria, soluções e controle de qualidade.

No Capítulo 1, "Fundamentos de química analítica quantitativa", apresentaremos os princípios fundamentais de química analítica quantitativa e a maneira como diferentes métodos exploram diversos tipos de respostas analíticas, além dos erros comuns que podem ser observados em métodos analíticos. O capítulo também conta com discussão e análise exemplificativa de cálculos estatísticos fundamentais no tratamento de dados, bem como apresenta cálculos simples, como regras de três no contexto de reações química e como esse fundamento se relaciona, por exemplo, a cálculos de pureza e rendimento.

No Capítulo 2, "Análise quantitativa em química analítica", trataremos dos princípios que regem os trabalhos de classificar e extrair uma amostra de acordo com sua classificação, teor de analito e natureza homogênea ou heterogênea. Esse capítulo

Apresentação

Uma das grandes dificuldades no estudo da química analítica – principalmente a quantitativa – consiste muitas vezes na ausência de conhecimentos básicos aplicados e utilizados nas diversas metodologias de determinações de analitos, como regras de três, cálculos estatísticos básicos como média e desvio-padrão, ou mesmo um ponto crucial em análises químicas: o preparo e a padronização rigorosos de soluções. Em se tratando de química analítica quantitativa, também é essencial recorrer aos exemplos descritivos e não apenas abordar a teoria e a base de fórmulas ou cálculos aplicáveis. Os exemplos, sempre que possível, devem estar intimamente ligados ao cotidiano de laboratórios de análises químicas, como laboratórios de controle de qualidade, pois essa contextualização permitirá que o estudante se aproxime mais de situações e problemas reais que poderão ser encontrados na sua vida profissional.

Por essa razão, nesta obra, tivemos a preocupação de desenvolver e aplicar tanto conteúdos básicos – como o caso de uma regra de três simples – quanto de discutir e aplicar métodos analíticos mais elaborados, como a iodometria para determinação de cloro ativo em água sanitária. Portanto, buscamos preservar, tanto quanto possível, o passo a passo detalhado das etapas e sequência de cálculos, sempre ressaltando e explorando situações muito próximas ou idênticas às reais.

Sumário

Apresentação □ 5
Como aproveitar ao máximo este livro □ 9

Capítulo 1
Fundamentos de química analítica quantitativa □ 14
1.1 Princípios fundamentais □ 15
1.2 Erros comuns na análise quantitativa □ 22
1.3 Regra de três simples para relações estequiométricas □ 33
1.4 Regra de três composta para relações estequiométricas □ 37
1.5 Cálculos aplicados à análise quantitativa □ 41

Capítulo 2
Análise quantitativa em química analítica □ 57
2.1 Escolha do método analítico e amostragem □ 58
2.2 Análise quantitativa □ 67
2.3 Métodos analíticos quantitativos □ 78
2.4 Expressão dos resultados □ 83
2.5 Curvas de calibração □ 92

Capítulo 3
Gravimetria □ 111
3.1 Fundamentos de análise gravimétrica □ 113
3.2 Cálculos □ 123
3.3 Variáveis da análise □ 132
3.4 Outras variáveis □ 141
3.5 Aula prática 1: análise de água □ 147

Capítulo 4
Volumetria □ 162
4.1 Fundamentos de análise volumétrica □ 163
4.2 Volumetria ácido-base □ 171
4.3 Neutralização de soluções □ 179
4.4 Volumetria de óxido-redução □ 190
4.5 Aula prática 2: preparo e padronização de soluções diluídas de ácidos e bases □ 202

Capítulo 5
Complexometria □ 213
5.1 Fundamentos da complexometria □ 214
5.2 Titulações com EDTA □ 220
5.3 Volumetria de precipitação □ 230
5.4 Métodos de precipitação □ 235
5.5 Aula prática 3: determinação de cálcio e magnésio □ 246

Capítulo 6
Soluções e controle de qualidade □ 258
6.1 Soluções □ 259
6.2 Diluições □ 269
6.3 Padronização de soluções □ 273
6.4 Controle de qualidade □ 279
6.5 Aula prática 4: volumetria de oxirredução determinação de cloro ativo em água sanitária □ 289

Considerações finais □ 304
Referências □ 306
Bibliografia comentada □ 308
Respostas □ 310
Sobre o autor □ 312

ainda mostrará as principais etapas em uma análise quantitativa, bem como os principais métodos e as formas de expressão das respostas analíticas obtidas. Por fim, apresentaremos, esquematicamente, as diferentes curvas de calibração usadas de acordo com as particularidades de cada amostra e/ou método.

No Capítulo 3, "Gravimetria", trataremos dos fundamentos gerais de gravimetria, abordando os principais métodos utilizados: gravimetria de precipitação, gravimetria de volatilização, eletrogravimetria e titulação gravimétrica. Também traremos no capítulo cálculos e variáveis inerentes aos métodos e, ao final, descreveremos uma prática demonstrativa para o controle de qualidade de amostras de água, com ensaios físico-químicos, como a medida de pH, e gravimétricos, como teor de ferro.

No Capítulo 4, "Volumetria", apresentaremos os fundamentos deste outro conjunto de métodos: os volumétricos.

Em especial, abordaremos a volumetria de neutralização ácido-base e a volumetria de óxido-redução. Ao final, teremos outra prática demonstrativa envolvendo a descrição esquemática do procedimento de padronização de soluções via volumetria de neutralização.

No Capítulo 5, "Complexometria", trataremos dos fundamentos básicos de complexometria e de alguns métodos principais, como a titulação com EDTA e volumetria de precipitação pelos métodos de Mohr, Volhard e Fajans. Também haverá uma prática demonstrativa de como é feita a determinação de cálcio e magnésio utilizando técnicas complexométricas.

Por fim, no Capítulo 6, "Soluções e controle de qualidade", estudaremos os conceitos e as definições de soluções, solvente, soluto, concentração comum, concentração molar, normalidade, unidades, bem como os conceitos esquemáticos de diluições de soluções e os cálculos para sua preparação. São conhecimentos fundamentais aplicados na padronização de soluções e no controle de qualidade. Ao final do capítulo, por meio de uma aula prática, demonstraremos como determinar a concentração de cloro ativo em uma amostra de água sanitária por tiossulfatometria ou iodometria.

Não abordaremos, com ênfase e detalhes, métodos instrumentais de análise, pois a intenção é oferecer um conteúdo básico de métodos analíticos por meio de procedimentos relativamente simples, sem a necessidade de equipamentos de medida complexos e caros, potencializando, assim, a formação de profissionais preparados para ambientes de trabalho que não disponibilizem esses equipamentos, uma vez que essa é a realidade da maioria dos laboratórios. A obra ainda conta com o desenvolvimento e a aplicação exemplificativa de cálculos básicos e estatísticos que são utilizados em procedimentos e interpretações analíticas, que são de essencial importância não apenas na execução da parte prática, mas também na tomada de decisões diante de um problema, por exemplo, em um lote de produção. Além disso, alguns experimentos descritos na obra permitem ao aluno um contato inicial básico com o ambiente de trabalho.

Esperamos que esta obra possa contribuir para a formação qualificada de profissionais preparados para diferentes contextos de trabalho, mesmo com pouco suporte instrumental.

Como aproveitar ao máximo este livro

Empregamos nesta obra recursos que visam enriquecer seu aprendizado, facilitar a compreensão dos conteúdos e tornar a leitura mais dinâmica. Conheça a seguir cada uma dessas ferramentas e saiba como elas estão distribuídas no decorrer deste livro para bem aproveitá-las.

Introdução do capítulo

Logo na abertura do capítulo, informamos os temas de estudo e os objetivos de aprendizagem que serão nele abrangidos, fazendo considerações preliminares sobre as temáticas em foco.

O que é
Nesta seção, destacamos definições e conceitos elementares para a compreensão dos tópicos do capítulo.

Importante!
Algumas das informações centrais para a compreensão da obra aparecem nesta seção. Aproveite para refletir sobre os conteúdos apresentados.

Exemplificando

Disponibilizamos, nesta seção, exemplos para ilustrar conceitos e operações descritos ao longo do capítulo a fim de demonstrar como as noções de análise podem ser aplicadas.

Síntese

Ao final de cada capítulo, relacionamos as principais informações nele abordadas a fim de que você avalie as conclusões a que chegou, confirmando-as ou redefinindo-as.

Atividades de autoavaliação

Apresentamos estas questões objetivas para que você verifique o grau de assimilação dos conceitos examinados, motivando-se a progredir em seus estudos.

Atividades de aprendizagem

Aqui apresentamos questões que aproximam conhecimentos teóricos e práticos a fim de que você analise criticamente determinado assunto.

Bibliografia comentada

Nesta seção, comentamos algumas obras de referência para o estudo dos temas examinados ao longo do livro.

CARVALHAL, O. **A química do dia a dia**. [S.l.]: Clube de Autores, 2019.

O livro explora temas do cotidiano, evitando a linguagem conceitual rebuscada, o que garante um primeiro contato com a química de modo mais sutil, por meio de temas ligados diretamente a fenômenos observados por todos no seu dia a dia.

CAVALCANTI, J. E. W. de A. **Manual de tratamento de efluentes industriais**. 3. ed. ampl. São Paulo: Engenho Editora Técnica, 2016.

A obra é direcionada aos profissionais da indústria, principalmente, no que concerne ao controle da poluição de efluentes e águas de reuso. Nela, você encontrará alternativas modernas e ecologicamente limpas que garantem o desenvolvimento de sistemas de tratamento sustentáveis, gerando o mínimo possível de resíduos e sempre objetivando o menor custo energético.

GRANATO, D.; NUNES, D. S. **Análises químicas, propriedades funcionais e controle de qualidade de alimentos e bebidas**: uma abordagem teórico-prática. Rio de Janeiro: Elsevier, 2016.

O livro descreve de forma teórica e prática importantes aspectos e medidas analíticas aplicadas a alimentos e bebidas, formando um grande conjunto de métodos quantitativos desse ramo da indústria. Além disso, parte do livro é dedicada a métodos de controle de qualidade do tema, o que pode ampliar os estudos abordados no presente livro.

LEITE, F. **Práticas de química analítica**. 3. ed. São Paulo: Átomo, 2012.

Coletânea de práticas de química analítica que envolve amostras reais presentes no cotidiano. Sua importância está, justamente, na oportunidade que você terá de conhecer situações práticas de resoluções de problemas laboratoriais, vivenciando a aplicação dos estudos teóricos e promovendo seu amadurecimento como profissional.

Capítulo 1

Fundamentos de química analítica quantitativa

Neste capítulo temos como principal objetivo identificar os princípios de análise quantitativa, relembrando conceitos de tipos de erros e cálculos básicos para a análise de substâncias. Você encontrará uma parte introdutória com princípios fundamentais de química analítica quantitativa e uma explicação sobre como diferentes métodos exploram diferentes tipos de respostas analíticas, além dos erros comuns que podem ser observados em métodos analíticos, por exemplo, erros grosseiros, que são mais fáceis de serem detectados, e erros sistemáticos e aleatórios, que são mais difíceis de serem constatados.

O capítulo também conta com discussão e análise exemplificativa de cálculos estatísticos fundamentais no tratamento de dados, como média e desvio-padrão, e de cálculos mais simples, mas não menos importantes, como regras de três simples e composta dentro do contexto de reações químicas e como esses fundamentos se relacionam, por exemplo, com cálculos de pureza e rendimento.

1.1 Princípios fundamentais

A química analítica, muitas vezes, é denominada *ciência central* porque desempenha papel fundamental tanto para as outras ciências quanto para a própria química. Áreas como a física, em especial, a astrofísica, a astronomia e a biofísica, e até mesmo campos do saber mais distantes das ciências exatas, como as ciências sociais, a arqueologia e a antropologia recorrem ao auxílio de análises químicas para o desenvolvimento de suas pesquisas.

Na medicina e na indústria, a química analítica está intimamente ligada, por exemplo, às medidas de oxigênio e de dióxido de carbono no sangue, indicadores utilizados diariamente para diagnosticar doenças; a determinação de cálcio livre no soro sanguíneo auxilia no diagnóstico de doenças da tireoide. Os gases propano e butano, os principais componentes do gás de cozinha, como você sabe, não têm odor, por isso, industrialmente, são adicionados mercaptanos, cujo odor forte e característico ajuda a evitar acidentes, uma vez que é possível identificar, pelo cheiro, o vazamento de gás. Entretanto, a adição desses componentes deve seguir um padrão de monitoramento rigoroso, alcançado quando utilizamos a química analítica.

O que é

Mercaptanos são compostos orgânicos com a função química tiol, ou seja, apresentam o grupo SH (sulfídrico) na cadeia carbônica. A estrutura é análoga à dos álcoois, que apresentam o grupo funcional OH (hidroxila), no entanto, em mercaptanos o enxofre ocupa o lugar do oxigênio.

A agricultura, importante área da economia do país, também faz uso da química analítica para programar o uso de fertilização e irrigação, essenciais para o bom desenvolvimento das plantas. Essas programações baseiam-se em análises químicas do solo e dos vegetais, para que seja garantida a produção de alimentos. De modo geral, a química analítica é uma ciência extremamente interdisciplinar, o que a torna fundamental em laboratórios médicos, industriais, governamentais e acadêmicos.

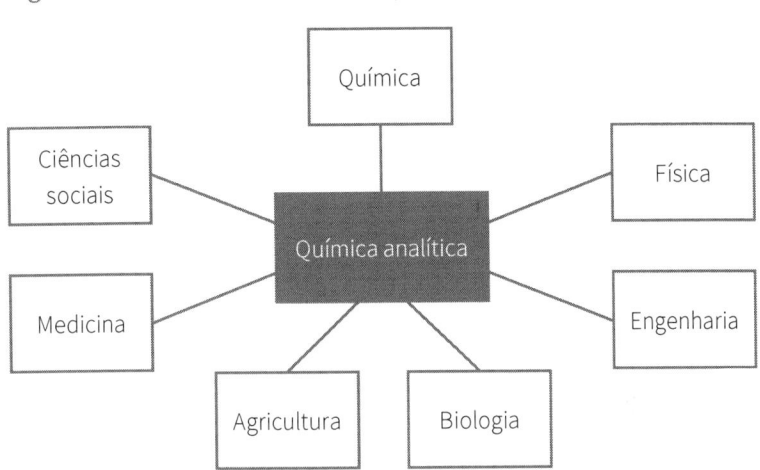

Figura 1.1 – Áreas relacionadas à química analítica

```
                    Química
Ciências                                  Física
sociais
              Química analítica
Medicina                                  Engenharia

              Agricultura    Biologia
```

A definição categórica para química analítica é a de que ela se encaixa como uma ciência de medições, utilizando-se de conceitos e métodos poderosos que são, de modo geral, essenciais em todos os campos das ciências.

Importante!

A química analítica fundamenta-se em uma série de métodos e processos com dois objetivos principais: **estabelecer a identidade química** das espécies possivelmente presentes em uma amostra (química analítica qualitativa) e **determinar as quantidades relativas** dessas espécies em proporções numéricas (química analítica quantitativa), que, frequentemente, são chamadas de analitos.

Gonçalves, Antunes e Antunes (2001) relatam a determinação qualitativa de íons cálcio e ferro em leite enriquecido. Para o ferro, uma possibilidade relativamente simples é a adição de tiocianato de amônio (NH_4SCN) e ácido clorídrico (HCl) em uma amostra de leite; quando íons tiocianato estão na presença de íons ferro, forma-se um íon complexo de cor vermelha, chamado de *hexatiocianoferrato* (III) ($[Fe(SCN)_6]^{3-}$), de acordo com a Equação 1.1:

Equação 1.1

$$2Fe^{3+}_{(aq)} + 6SCN^-_{(aq)} \rightarrow Fe[Fe(SCN)_6]_{(aq)}$$

Para o caso do cálcio, os mesmos autores sugerem a utilização do método de determinação de cálcio pela reação com íons oxalato ($C_2O_4^{2-}$). Esse método baseia-se na separação da caseína do leite (porção proteica) pela adição de ácido clorídrico; em seguida, na solução restante, são adicionados íons oxalato. Se a concentração de cálcio for elevada, é possível identificar a formação de um precipitado branco; caso a concentração seja baixa, ocorrerá apenas a turvação da solução (Equação 1.2).

Equação 1.2

$$Ca^{2+}_{(aq)} + C_2O_4^{2-}_{(aq)} \rightarrow CaC_2O_{4(s)}$$

Note que, para ambos os casos, não houve a preocupação de determinação da quantidade de íons ferro e cálcio, mas apenas se eles estão ou não presentes na amostra (leite enriquecido).

Para conseguirmos determinar o quanto desses elementos está presente, utilizamos a química analítica quantitativa.

No exemplo do ferro, uma possibilidade seria o uso de métodos gravimétricos de análises, que veremos com detalhes em capítulos seguintes. Uma breve descrição do método consiste na precipitação dos íons ferro por uma base, por exemplo, hidróxido de amônio (NH_4OH), formando hidróxido de ferro III ($Fe(OH)_3$) e posterior formação de óxido de ferro III (Fe_2O_3) por calcinação (1000 °C). Esse óxido é um composto estável e de estequiometria conhecida, o que garante uma pesagem confiável que pode ser utilizada para determinar e quantificar os íons ferro da amostra original, conforme mostram as equações a seguir:

Equação 1.3

$$Fe^{3+}_{(aq)} + 3NH_4OH_{(aq)} \rightarrow Fe(OH)_{3(s)}$$

Equação 1.4

$$2Fe(OH)_{3(s)} \xrightarrow{\Delta} Fe_2O_{3(s)}$$

Notadamente, alguns métodos quantitativos nada mais são do que aprimoramentos de métodos qualitativos. Observemos, por exemplo, o caso da determinação de cálcio: é possível isolar o oxalato de cálcio obtido (CaC_2O_4), secá-lo e pesá-lo. No entanto, é extremamente importante conhecer as características da amostra, pois, na etapa de separação da caseína do leite, por exemplo, parte do cálcio acaba precipitando, fazendo com que a determinação quantitativa pelo oxalato da solução restante fique comprometida.

A volumetria de complexação é uma alternativa eficaz (abordaremos em detalhes no Capítulo 5) – nela, íons cálcio podem ser titulados pelo ácido etilenodiaminotetracético (EDTA). O EDTA faz parte do grupo de ácidos aminocarboxílicos, formando complexos com uma relação estequiométrica de 1:1 que são solúveis em água, além de possuírem alta estabilidade quando ligados a metais, incluindo os alcalino-terrosos (que é o caso do cálcio).

Como já citamos, para o caso da determinação do cálcio, é importante conhecermos o tipo de amostra com que estamos trabalhando, pois isso permite escolher o método mais adequado.

Importante!

Os métodos analíticos quantitativos, de modo geral, se encaixam em duas vertentes:

- na primeira, a massa ou o volume são medidos para determinada amostra a ser analisada, como no caso da gravimetria;
- na segunda, mede-se alguma grandeza proporcional à presença e à quantidade de algum componente da amostra; ela engloba, além de massa e volume, a intensidade de luz ou eletricidade, como no caso da volumetria e da complexometria.

De acordo com o tipo de resposta (massa, volume, intensidade da luz ou eletricidade), os métodos analíticos são classificados separadamente.

A análise gravimétrica, tema no qual nos aprofundaremos no Capítulo 3, consiste na determinação de um constituinte da amostra pela pesagem. Observe que os métodos até agora citados têm o objetivo principal de obter um material sólido possível de ser pesado (portanto, a resposta é a massa), que pode ser um elemento químico puro ou um composto sólido estável que contenha o elemento ou espécie química de interesse. Geralmente, esses recursos são utilizados em experimentos simples, de fácil execução e apresentam vidraria básica simples e de baixo custo. No entanto, demandam um tempo relativamente alto de execução, o que nem sempre se encaixa com as necessidades de determinada análise; além disso, existe a possibilidade de acúmulo de erros nas várias etapas da análise, e, por fim, o problema de os constituintes estarem em escala macro na amostra, o que inviabiliza a determinação de quantidades em escala micro ou inferior a esse nível.

A análise volumétrica tem por princípio analisar a quantidade de determinado componente de uma amostra (analito), tendo por base uma reação química de proporções conhecidas com uma solução-padrão – chamada assim por possuir concentração bem estabelecida. Nesse tipo de método, é necessário todo o volume da solução-padrão para que todo o analito reaja. Além disso, assim como na gravimetria, a volumetria utiliza-se de experimentos de baixo custo, usando vidrarias conhecidas (bureta, erlenmeyer, balão volumétrico etc.), porém, nesse caso, as análises são bem mais rápidas, oferecendo considerável precisão e exatidão e grande potencial para automatização. Contudo, não é uma análise com alta seletividade e, assim como a gravimetria, requer proporções de amostra e reagentes em escala macro. Trataremos mais profundamente desse tema no Capítulo 4.

Quando a resposta se baseia nas propriedades elétricas do analito em solução, temos os métodos eletroanalíticos. As medidas podem ser em função de potencial, corrente, resistência e quantidade de carga elétrica. Entre as principais vantagens desse método, está a possibilidade de detecção em baixas quantidades de analito na amostra e a instrumentação de baixo custo. No entanto, esse recurso não apresenta boa seletividade e, por isso, geralmente, torna-se mais interessante quando associado a outros métodos analíticos.

Alguns métodos utilizados com base na espectrometria estão fundamentados na interação da energia radiante com os átomos e/ou moléculas que compõem o analito, em outras palavras, a resposta é uma medida da intensidade da luz. Sendo largamente utilizados, exigem instrumentalização e operacionalização simples. Além disso, as regiões do espectro eletromagnético compõem a região do visível, ultravioleta e infravermelho, o que permite diferentes tipos de interação com o analito e diferentes tipos de resposta. Cada região da espectrometria apresenta suas limitações intrínsecas que, basicamente, estão vinculadas a interferências na interação entre a energia eletromagnética e o analito.

1.2 Erros comuns na análise quantitativa

Um detalhe muito importante em análises químicas é que, por mais sofisticado que seja um método analítico, ainda assim ele estará suscetível a erros. Por esse motivo, é preciso extrema atenção em cada etapa da metodologia e adequada execução. Há erros que podem ser facilmente detectados e corrigidos;

no entanto, há erros que não o são, o que torna a interpretação dos dados da análise fundamental. Quando os dados são devidamente interpretados, torna-se mais fácil identificar a ocorrência de erros. Como não há a possibilidade de eliminar completamente os erros das análises químicas, eles foram classificados e estudados como: grosseiros, sistemáticos e aleatórios.

O primeiro deles – o **erro grosseiro** – é de fácil detecção e de ser evitado porque o resultado da análise fornecerá dados inesperados, fora de um limite de desvio-padrão, entre outros fatores. Quando esse tipo de erro é observado, o resultado da análise estará comprometido e, portanto, a leitura deve ser refeita. Normalmente, erros grosseiros acontecem por falhas ocasionais, o que inclui fatores ligados ao equipamento de medida, como falta de calibração; pode também estar ligado ao material utilizado (por exemplo, um reagente vencido), e, ainda, ter sido originado da imperícia ou do descuido do operador do equipamento – o que se resolve com capacitação adequada dos operadores e rigor nos protocolos de análise.

Os **erros sistemáticos** são mais difíceis de serem identificados do que os erros grosseiros. Ainda assim, são detectáveis e, portanto, podem ser eliminados. Sistematicamente, os valores das medidas são mais altos ou mais baixos do que os valores verdadeiros. Normalmente, esse tipo de erro provém de quatro fontes, de acordo com Preston e Dietz (1991):

- **Fonte instrumental**: faz-se presente no caso de mal funcionamento de um equipamento, por exemplo, um termômetro que marca 105 °C quando em contato com água

em ebulição, ou seja, está 5 °C acima do valor verdadeiro da temperatura de ebulição da água (100 °C).
- **Fonte observacional**: ocorre quando há erro de paralaxe. Por exemplo: quando realizamos uma leitura não vertical do ponteiro de um equipamento.
- **Fonte ambiental**: quando ocorre um problema em determinado equipamento por falha elétrica.
- **Fonte teórica**: surge de inadequações em modelos e equações envolvidas em certa análise. Por exemplo: não considerar a forca de atrito durante determinado experimento – quando essa força é incluída nos cálculos, não há discordâncias; no entanto, quando é desconsiderada, há erro sistemático embutido.

Existem ainda os **erros aleatórios**, que, por sua vez, são difíceis de serem detectados e corrigidos porque as causas são as mais diversas e, de modo geral, imprevisíveis, portanto a fonte desse tipo de erro é quase impossível de ser rastreada. Um dos vários possíveis exemplos desse tipo de erro pode ser o ambiental, ligado com a variação na temperatura, pressão e umidade que, certamente, afetará a reprodutibilidade dos resultados dos ensaios.

Importante!

Como já comentamos ao longo desta seção, é praticamente impossível um experimento ser livre de erros, no entanto, existem meios de minimizá-los ou, até mesmo, de tornar sua identificação mais imediata. Isso pode ocorrer por meio da calibração periódica dos instrumentos, da capacitação dos operadores, da escolha de materiais de boa qualidade e da consideração das possíveis variáveis do próprio ambiente em que o equipamento se encontra, pois isso, certamente, poderá influenciar nas medidas (por exemplo, muitas medidas são sensíveis à vibração).

Desse modo, antes de iniciarmos a execução das análises químicas, é importante conhecermos e estabelecermos o limite máximo de **erro tolerável**, que irá depender do tipo de matriz que está sendo trabalhada, pois algumas delas são complexas e instáveis, o que, infelizmente, aumenta a incidência de erros. Existem também alguns fatores envolvendo a demanda de tempo, tendo em vista que alguns resultados devem ser obtidos rapidamente para evitar incidentes, como no caso de uma possível contaminação por mercúrio em um rio de abastecimento. Nesse caso, os testes rápidos podem não reproduzir fielmente os resultados, ou seja, pode haver erros embutidos. No entanto, esses resultados são toleráveis para medidas emergenciais e, então, em um segundo momento, é feita a análise detalhada das amostras.

Para que haja **confiabilidade dos dados**, são essenciais a **comparação com padrões** e as **réplicas em um experimento**.

O que é

Os padrões podem ser conhecidos na literatura ou mesmo medidos nas mesmas condições de medidas da amostra, seja incorporados a ela, seja em ensaios separados. As réplicas são porções de uma mesma amostra analisadas com o objetivo de fornecer informações a respeito da variabilidade dos dados, sendo que, normalmente, são utilizadas de duas a cinco réplicas.

O fato é que, na maioria das vezes, os dados individuais das réplicas dificilmente são iguais e, por isso, considera-se o valor mais próximo do real aquele que se encontra na região central do conjunto de dados. Utilizamos a média e a mediana como valores centrais e o grau de dispersão das réplicas em torno desses dois valores, bem como o valor padrão é relacionado à precisão e exatidão de um experimento, respectivamente.

1.2.1 Termos importantes

Na maioria das vezes, o valor central é expresso em termos da média, x (também chamada de *média aritmética*). Trata-se do resultado do cálculo que envolve, primeiramente, a soma das réplicas, seguido da divisão pelo número de medidas que foram feitas no experimento, conforme a Equação 1.5. A seguir veremos um exemplo.

Equação 1.5

$$x = \frac{\sum_{i=1}^{N} xi}{N}$$

Em que: *xi* são os valores individuais na média (*x*), que fazem parte do número de réplicas do experimento como um todo (*N*).

Importante!

A determinação da mediana consiste em organizar os dados experimentais das réplicas de forma crescente ou descrente dos respectivos valores. Nessa circunstância, haverá duas situações: a primeira é quando o número de réplicas apresenta valor ímpar. Nesse caso, a mediana é obtida diretamente (o valor central da sequência); já o segundo caso se dá quando há um número par de réplicas, para obter a mediana é necessário realizar a média dos dois valores centrais.

É importante ressaltarmos que, para situações ideais, tanto o valor de média quanto da mediana são iguais. Contudo, em análises químicas com um número de réplicas reduzido, é comum que esses dois valores sejam diferentes. Observemos, como exemplo, na Tabela 1.1, a determinação do teor de água da banana caturra, em que foram realizadas seis réplicas e obtidos os seguintes dados.

Tabela 1.1 – Ensaios em seis réplicas para determinar teor de água na banana caturra

Réplica	1ª	2ª	3ª	4ª	5ª	6ª
Teor de água (%)	81,01	82,10	82,00	82,41	81,32	80,99

Qual é a média e a mediana para esses dados experimentais?

$$\text{Média} = x = \frac{81,01 + 82,10 + 82,00 + 82,41 + 81,32 + 80,99}{6}$$

x = 81,64 % de água na banana caturra

Para a mediana, devemos, primeiramente, organizar os valores em ordem crescente ou decrescente:

Por exemplo: ordem crescente = 80,99; 81,01; 81,32; 82,00; 82,10; 82,41

Como nesse conjunto de dados temos um número par de réplicas, a mediana deve ser obtida pela média dos dois valores centrais.

$$\text{Mediana} = \frac{81,32 + 82,00}{2} = 81,66 \text{ \% de água na banana caturra}$$

Note que a precisão e a repetitividade de um ensaio podem variar um pouco em relação à média. Essa variação pode ser expressa em termos de desvio-padrão (s), variância e coeficiente de variação, os quais são amplamente utilizados para descrever a precisão de um conjunto de dados. Em outras palavras, a precisão é definida pela reprodutibilidade entre os experimentos, que, em teoria, devem ser obtidos exatamente da mesma maneira.

O que é

O desvio-padrão é encontrado pela diferença entre um valor do conjunto (xi) e a média (x) ao quadrado dividida pelo número de graus de liberdade (N – 1). A substituição de N por N – 1 é feita para se obter a estimativa imparcial do desvio-padrão dentro de uma população, sem essa mudança o valor de s, provavelmente, será menor. A variância é obtida pela média dos desvios ao quadrado (s^2). Observe a Equação 1.6:

Equação 1.6

$$s = \sqrt{\frac{\sum_{i=1}^{N}(xi-x)^2}{N-1}}$$

Já o coeficiente de variância (Cv) pode ser definido como a padronização da dispersão da distribuição de probabilidade. O cálculo é obtido pela razão entre o desvio-padrão e a média, como expresso na Equação 1.7:

Equação 1.7

$$Cv = \frac{s}{x} \cdot 100$$

Como citado, podemos utilizar esses cálculos para analisar a precisão do experimento. Tomando ainda como exemplo o caso do teor de água na banana caturra da Tabela 1.1 e utilizando as fórmulas mencionadas, podemos calcular o desvio-padrão e variância.

Desvio-padrão =

$$s = \frac{(0{,}63)^2 + (0{,}46)^2 + (0{,}36)^2 + (0{,}77)^2 + (0{,}32)^2 + (0{,}65)^2}{6-1}$$

$s = \pm 0{,}37$

O desvio-padrão pode ser expresso em valores positivo e negativo; portanto, para outras estimativas, o valor é considerado em módulo. Nesse caso, calculamos a variância colocando o desvio-padrão ao quadrado (s^2), obtendo o valor de 0,14. Utilizando a Equação 1.7, podemos obter o coeficiente de variação (Cv) igual a 0,45%.

Você pode perceber que o conjunto de fatores indica alta precisão dos dados, pois não apresentam valores altos de desvio-padrão, variância e coeficiente de variação. A ideia é que, quanto mais homogêneo é o conjunto de dados, mais próximos os dados pontuais estarão da média.

No entanto, a precisão não tem relação direta com o valor verdadeiro (ou aceito), ou seja, o valor real. Para isso, também precisamos analisar a exatidão de um experimento. A Figura 1.2 mostra as principais diferenças entre esses dois termos, *precisão* e *exatidão*. Observamos que um resultado exato é quando ele concorda com o valor real ou aceito; um resultado preciso faz relação de concordância apenas entre os resultados obtidos da análise. Um ideal envolve a situação de alta exatidão e alta precisão.

Figura 1.2 – Representação esquemática de precisão e exatidão

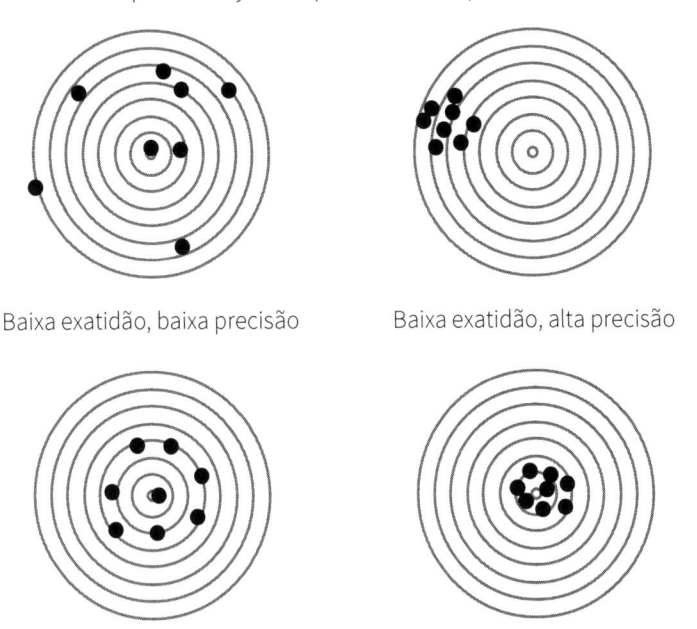

Baixa exatidão, baixa precisão   Baixa exatidão, alta precisão

Alta exatidão, baixa precisão   Alta exatidão, alta precisão

A precisão é facilmente verificada pela análise das réplicas, como abordamos anteriormente. No entanto, na obtenção da exatidão é um pouco mais complexa porque, frequentemente, o valor verdadeiro não é conhecido, por isso é preciso estabelecer um valor que seja aceito.

O que é

Para obtermos a exatidão do experimento, precisamos analisar o erro absoluto ou o erro relativo. O erro absoluto (EAx) é calculado pela relação entre a diferença de um valor de um dos experimentos (xi) e o seu valor aproximado verdadeiro ou aceito (xv), como expressa a Equação 1.8, a seguir.

Equação 1.8

EAx = xi − xv

O erro relativo (*Er*) é o erro absoluto (*xi − xv*) dividido pelo valor verdadeiro ou aceito *(xv)* e ainda multiplicado por 100 para ser expresso em porcentagem ou partes por mil (ppmil), de acordo com a Equação 1.9:

Equação 1.9

$$Er = \frac{(xi - xv)}{xv} \cdot 100$$

Por exemplo: se analisarmos os dados da Tabela 1.2, a seguir, estabelecendo como valor verdadeiro, ou aceito, para teor de umidade da banana caturra como 81,50%, podemos verificar os seguintes erros absolutos e relativos, respectivamente:

Tabela 1.2 – Relação entre ensaios de teor de umidade descritos na Tabela 1.1 e erros absoluto e relativo

Réplica	1ª	2ª	3ª	4ª	5ª	6ª
Teor de água (%)	81,01	82,10	82,00	82,41	81,32	80,99
EAx	−0,49	0,60	0,50	0,91	−0,18	−0,51
Er (%)	−0,60	0,74	0,61	1,1	−0,22	−0,62

Ressaltamos que, ao expressarmos os erros, o sinal é mantido. Isso indica que, nos casos de valor negativo, esses resultados experimentais são menores do que o valor verdadeiro, ou aceito, e, no caso de valor positivo, indicam que são maiores do que o valor verdadeiro, ou aceito.

1.3 Regra de três simples para relações estequiométricas

Basicamente, uma regra de três simples se insere em uma situação-problema quando temos quatro valores, entre os quais um é desconhecido. O problema se resolve pela relação dos outros três valores conhecidos. Para que o cálculo da regra de três simples funcione, é importante seguirmos três passos:

1. Em uma tabela, os valores de mesma espécie devem ser inseridos na mesma coluna e o de espécies diferentes, na mesma linha.
2. Verificar a proporcionalidade das grandezas (direta ou inversamente proporcionais).
3. Resolver a equação com as proporções devidamente montadas.

Para que você compreenda a regra de três simples, vamos apresentar alguns exemplos resolvidos.

Exemplificando

Considere que, para pavimentar uma área de 100 m^2, são necessários 200 paralelepípedos. Vamos descobrir, então, quantos paralelepípedos são necessários para pavimentar uma área de 250 m^2?

Nesse caso, temos duas grandezas envolvidas, ou seja, a área de pavimentação e o número de paralelepípedos; na situação, são envolvidos quatro valores, sendo três deles conhecidos. Portanto, a resolução do problema se encaixa em uma regra de três simples. Basta seguirmos o passo a passo os procedimentos desse cálculo para obtermos a solução.

1. Montagem da tabela

	Valores de mesma grandeza nas colunas	
Valores de grandezas diferentes nas linhas	100 m²	200 paralelepípedos
	250 m²	X paralelepípedos

2. Proporcionalidade

Para analisarmos a proporcionalidade, inserimos usualmente, na coluna de X, uma seta em sentido contrário à incógnita.

Se a grandeza da outra coluna for diretamente proporcional, inserimos junto a ela uma seta no mesmo sentido da seta de X; caso contrário, inserimos uma seta no sentido inverso. No caso em questão, a seta da primeira coluna terá o mesmo sentido ao da seta da coluna de X, pois as grandezas apresentadas são diretamente proporcionais (se aumentarmos a área de pavimentação, devemos aumentar o número de paralelepípedos):

	100 m²	200 paralelepípedos	
↑	250 m²	X paralelepípedos	↑

3. Resolvendo a equação

Agora, basta multiplicarmos os dados em cruz, ou seja:

$$\frac{100}{250} = \frac{200}{X}$$

$100 \cdot X = 250 \cdot 200$

$100 \cdot X = 50.000$

$$X = \frac{50.000}{100}$$

$X = 500$

Portanto, são necessários 500 paralelepípedos para uma área de pavimentação de 250 m².

Agora, abordaremos uma regra de três simples aplicada a uma reação química. Nesse caso, precisamos ter o cuidado de verificar se a reação está balanceada, antes mesmo de iniciar os passos da resolução da regra de três.

Exemplificando

Neste exemplo, vamos considerar a reação de combustão completa do etanol líquido (C_2H_6O). Vamos descobrir qual é o número de mols de gás carbônico gerados na queima de 9 mol de etanol? A reação de combustão completa balanceada do etanol é descrita pela Equação 1.10:

Equação 1.10

$$C_2H_6O_{(l)} + 3O_{2(g)} \rightarrow 2CO_{2(g)} + 3H_2O_{(v)}$$

Note que, para cada mol de álcool, são produzidos 2 mols de gás carbônico, ou seja, por meio de uma regra de três simples, podemos resolver esse problema. Vejamos a seguir.

1. Montagem da tabela

	Valores de mesma grandeza nas colunas	
Valores de grandezas diferentes nas linhas	1 mol	2 mols
	9 mols	X mols

2. Proporcionalidade

Analisando a equação química e a lei de Lavoisier, que diz que, em uma reação química, considerando-se um sistema fechado, a soma das massas dos reagentes deve ser igual à soma das massas dos produtos, percebemos que, aumentando-se a quantidade de matéria dos reagentes, a quantidade de matéria dos produtos aumentará direta e proporcionalmente, ou seja:

↑	1 mol	2 mols	↑
	9 mols	X mols	

3. Resolvendo a equação

$$\frac{1}{9} = \frac{2}{X}$$

$1 \cdot X = 2 \cdot 9$

$X = 18$

Assim, na queima de 9 mols de etanol, são produzidos 18 mols de gás carbônico. Ressaltamos que não somente o número de mols pode ser relacionado, mas também a massa, o número de moléculas e o volume molar. No entanto, nas situações relacionadas às equações químicas, precisamos adicionar mais duas outras etapas iniciais aos outros procedimentos da regra de três simples: representar a equação química, efetuar o balanceamento dos coeficientes de cada componente da reação e, então, aplicar as normas da regra de três simples.

1.4 Regra de três composta para relações estequiométricas

O cálculo da regra de três composta é semelhante ao da regra de três simples. Agora, envolveremos mais de duas grandezas direta ou inversamente proporcionais. O passo a passo para esse cálculo é o mesmo descrito na Seção 1.3.

Primeiramente, analisaremos um exemplo genérico envolvendo uma situação problema qualquer e, em seguida, uma situação que demanda o uso da regra de três composta em reações químicas.

Exemplificando

Em 8 horas, são produzidos 160 kg de sabão por 20 indústrias. Se, no entanto, em 5 horas devem ser produzidos 125 kg de sabão, neste caso, quantas indústrias serão necessárias?

1. Montagem da tabela

	Valores de mesma grandeza nas colunas		
Valores de grandezas diferentes nas linhas	8	160	20
	5	125	X

2. Proporcionalidade

Para analisarmos a proporcionalidade neste caso, devemos relacionar cada grandeza com X. Para essa situação hipotética, podemos observar que, ao aumentar o número de horas, é possível diminuir o número de indústrias, ou seja, trata-se de uma relação inversamente proporcional. Se o número de indústrias for reduzido, a quantidade de sabão produzido também diminuirá, então, nesse caso, são variáveis diretamente proporcionais. Montando todas as proporções, temos que:

8	↓	160	↑	20	↑
5		125		X	

3. Resolvendo a equação

Para a etapa da resolução da equação, inicialmente, precisamos colocar todas as grandezas com a mesma direção e, então, realizar o cálculo, logo:

5	↑	160	↑	20	↑
8		125		X	

Finalmente:

$$\frac{5}{8} \cdot \frac{160}{125} = \frac{20}{X}$$

$$\frac{800}{1000} = \frac{20}{X}$$

$$0,8 = \frac{20}{X}$$

$$X = \frac{20}{0,8}$$

$$X = 25$$

Portanto, são necessárias 25 indústrias para produzir 125 kg de sabão em 5 horas.

Exemplificando

Para oxidar completamente um prego de 1 g, foi necessária uma solução 1 mol/L de ácido clorídrico, e a reação durou um dia. Considere o volume da solução de ácido clorídrico fixo, mas, agora, com concentração igual a 2 mol/L. Qual a massa e o número de pregos utilizados num experimento que demorou quatro dias para terminar?

1. Montagem da tabela

	Valores de mesma grandeza nas colunas		
Valores de grandezas diferentes nas linhas	1 mol/L	1 g	1 dia
	2 mol/L	X g	4 dias

2. Proporcionalidade

Note que, para esse caso, todas as grandezas são proporcionais, ou seja, ao se aumentar a quantidade de matéria de ácido clorídrico, pode-se oxidar uma quantidade maior de pregos, diretamente proporcionais. Agora, analisando-se o tempo, se o segundo experimento demorou mais tempo, significa que havia maior quantidade de pregos para serem oxidados, também diretamente proporcionais. Portanto:

1		1		1	
2	↑	X	↑	4	↑

3. Resolvendo a equação

Como, neste caso, todas as grandezas são proporcionais, basta montar e resolver a equação:

$$\frac{1}{X} = \frac{1}{2} \cdot \frac{1}{4}$$

$$\frac{1}{X} = \frac{1}{8}$$

$$X = 8$$

Assim, utilizando uma solução de ácido clorídrico 2 mol/L com um tempo de reação de 4 dias, foram utilizados 8 g de pregos. Quantos pregos correspondem a essa quantidade em gramas? Como citado no exemplo, cada prego pesa 1 g; de acordo com os dados dessa situação, torna-se intuitivo o raciocínio; porém, em diferentes situações, poderíamos usar uma regra de três simples, ou seja:

1 prego		1 g	
X pregos	↑	8 g	↑

Então,

$$\frac{1}{X} = \frac{1}{8}$$

X = 8

Logo, 8 g equivale a 8 pregos.

1.5 Cálculos aplicados à análise quantitativa

Entre as aplicações dos cálculos de regra de três na química analítica, temos dois exemplos: a determinação da pureza de uma amostra ou reagente e o cálculo do rendimento de uma reação que, em muitos casos, é diferente de 100%.

1.5.1 Pureza

Em laboratórios de química, ou de análises químicas, é muito comum encontrarmos reagentes PA, uma sigla para a expressão latina *pro analyse*, que, em português, significa "para análise". Esse tipo de reagente apresenta alto grau de pureza, exigido para não interferir nas reações e análises a serem realizadas. No entanto, a realidade de processos industriais nem sempre, ou dificilmente, conta com reagentes PA, substituídos por reagentes comerciais com certo grau de impurezas, as quais devem ser levadas em consideração para efeito dos cálculos estequiométricos das reações químicas envolvidas, descontando-as da quantidade medida (por exemplo, a massa), que não faz parte da equação química e não participa da reação.

Exemplificando

Podemos analisar o seguinte exemplo para análise da pureza no cálculo estequiométrico: uma indústria de alimentos precisa tratar seus efluentes com sulfato de alumínio ($Al_2(SO_4)_3$). No entanto, o laboratório da empresa dispõe apenas de alumínio metálico e de ácido sulfúrico (H_2SO_4) 90%. Além de $Al_2(SO_4)_3$, a reação produz gás hidrogênio como produto, de acordo com a reação descrita na Equação 1.11:

Equação 1.11

$$2Al + 3H_2SO_4 \rightarrow Al_2(SO_4)_3 + 3H_2$$

Se o químico responsável utilizou 150 g desse ácido, qual será a massa de hidrogênio produzida?

Note que, para resolvermos esse problema, precisamos recorrer a regras de três. Primeiramente, utilizamos uma regra de três simples para corrigir o valor da massa do ácido, de acordo com a pureza, pois temos uma massa total de 150 g, porém apenas 90% disso é ácido sulfúrico puro. Logo:

150 g ---------------- 100%

X g ------------------ 90%

X = 135 g

Portanto, dos 150 g, apenas 135 g são realmente de ácido sulfúrico. Devemos considerar o valor corrigido para efeito dos cálculos estequiométricos na relação entre massas (*m*) e massa molares (*MM*). Nesse caso, aplicamos, novamente, uma regra de três simples, cujas massas molares (*MM*) devem ser calculadas por meio de consulta à tabela periódica. O H_2SO_4 possui massa molar igual a 98 g/mol, e o gás hidrogênio, igual a 2 g/mol; além disso, os coeficientes estequiométricos (*CE*) devem ser considerados. A seguir, temos o cálculo para esse exemplo:

$$2Al + 3H_2SO_4 \rightarrow Al_2(SO_4)_3 + 3H_2$$

$CE_{H_2SO_4} \cdot MM_{H_2SO_4}$ $CE_{H_2} \cdot MM_{H_2}$

$m_{H_2SO_4}$ m_{H_2}

3 · 98 ---------------------- 3 · 2

135 g ---------------------- X

294 · X = 6 · 135

$$X = \frac{810}{294}$$

X = 2,76 g

Portanto, por meio de 150 g de ácido sulfúrico 90% puro, que reage com alumínio metálico, é possível obter sulfato de alumínio e 2,76 g de gás hidrogênio. Perceba a importância de corrigir os cálculos em função da pureza, pois, caso o valor de 150 g não fosse corrigido para 135 g de ácido, o valor de gás hidrogênio seria estimado em 3,06 g, quantidade a mais do que realmente seria produzido (2,76 g), valor que poderia comprometer todo o processo, ou, ainda, gerar acidentes nos processos industriais.

1.5.2 Rendimento

As reações químicas, de modo geral, muito raramente alcançam um rendimento de 100%. O rendimento de dada reação química é obtido pela comparação entre a quantidade teórica calculada (se fosse 100%) e a quantidade realmente obtida. O passo a passo até chegar ao valor de rendimento de uma reação pode ser descrito da seguinte maneira:

1. Calcular o rendimento teórico: nessa etapa, é importante conhecer a reação química e verificar sua estequiometria, pois ela precisa estar devidamente balanceada.
2. Verificar se há reagente em excesso e reagente limitante – se houver, a reação será regida pela quantidade de reagente limitante; quando ele acabar, a reação também irá cessar.
3. Relacionar o rendimento teórico com o rendimento experimental para, então, obter o percentual de rendimento real.

O rendimento, normalmente, é expresso em porcentagem e seu cálculo também pode ser obtido por uma regra de três, em que o valor teórico é 100% e o valor real será X.

Valor teórico ---------------- 100%

Valor real -------------------- X%

Esse exemplo mostra uma situação típica de cálculo de rendimento de uma reação. A combustão de combustíveis é mundialmente explorada para produção de energia; no entanto, como acontece na maioria das reações químicas, ela raramente apresenta rendimento de 100%. Isso significa que nem toda a quantidade de combustível usada será transformada estequiometricamente em gás carbônico e água, como descrito na Equação 1.12.

Exemplificando

Vamos calcular em outro exemplo? Supondo que, na combustão de 32 g de metano, com 200 g de oxigênio, observamos a formação de 80 g de gás carbônico, qual é o rendimento dessa reação?

Equação 1.12

$1CH_4 + 2O_2 \rightarrow 1CO_2 + 2H_2O$

1. Calcular rendimento teórico

Precisamos montar a equação química balanceada e, por meio dos coeficientes estequiométricos (CE) e massas molares (MM), calcular o rendimento teórico para a seguinte equação química.

$1CH_4 + 2O_2 \rightarrow 1CO_2 + 2H_2O$

$$\frac{CE_{CH_4} \cdot MM_{CH_4}}{m_{CH_4}} \qquad \frac{CE_{CO_2} \cdot MM_{CO_2}}{m_{CO_2}}$$

$1 \cdot 16$ ---------------------- $1 \cdot 44$

32 g ---------------------- X

$1 \cdot 16 \cdot X = 1 \cdot 44 \cdot 32$

$16 \cdot X = 1 \cdot 408$

$X = 88$ g

Isso significa que, para cada 32 g de gás metano, se a reação ocorrer com rendimento igual a 100%, haverá a produção de 88 g de gás carbônico.

2. Verificar se há reagente em excesso ou limitante

Para realizarmos esse processo, fazemos uma análise parecida com o cálculo do rendimento teórico, porém, nesse caso, envolvendo apenas os reagentes, da seguinte maneira:

$1CH_4 + 2O_2 \rightarrow 1CO_2 + 2H_2O$

$CE_{CH_4} \cdot MM_{CH_4}$　　　　$CE_{O_2} \cdot MM_{O_2}$

m_{CH_4}　　　　　　　　　　m_{O_2}

$1 \cdot 16$ ---------------------- $2 \cdot 32$

$32\,g$ ------------------------ X

$1 \cdot 16 \cdot X = 2 \cdot 32 \cdot 32$

$16 \cdot X = 2 \cdot 048$

$X = 128\,g$

Portanto, para cada 32 g de metano, são necessários 128 g de gás oxigênio. Há 200 g de gás oxigênio; por isso, esse reagente está em excesso (72 g a mais) e, nesse caso, o reagente limitante é o metano, o que limitará a reação, isto é, quando esse composto acabar, a reação acaba.

3. Relacionar rendimento teórico com rendimento experimental

Agora, basta relacionarmos o rendimento teórico como sendo 100% e o rendimento experimental sendo X, e, por meio de uma regra de três, obter o valor de rendimento real da reação. Ou seja:

88 g ---------------- 100%

80 g ---------------- X%

X = 90,91%

Logo, se 32 g de metano reage com excesso de gás oxigênio para formar 80 g de gás carbônico, a reação apresentará rendimento igual a 90,91%.

Exemplificando

Em algumas situações, o valor do rendimento já é dado e pede-se a quantidade real de algum dos produtos produzidos. Vamos analisar esse mesmo exemplo, mas, agora, para quantidade de água.

1. Calcular valor teórico

$1CH_4 + 2O_2 \rightarrow 1CO_2 + 2H_2O$

$\mathbf{CE}_{CH_4} \cdot MM_{CH_4}$ $\qquad$ $\mathbf{CE}_{H_2O} \cdot MM_{H_2O}$

m_{CH_4} $\qquad\qquad\qquad$ m_{H_2O}

1 · 16 ---------------------- 2 · 18

32 g ----------------------- X

1 · 16 · X = 2 · 18 · 32

16 · X = 1 · 152

X = 72 g

Portanto, para cada 32 g de metano, são produzidos 72 g de água.

2. Verificar se há reagente em excesso ou limitante

Como já analisamos anteriormente para o caso em questão, o gás oxigênio é o reagente em excesso e o metano é o reagente limitante da reação.

3. Relacionar rendimento teórico com o experimental

Agora, temos o valor em percentual do rendimento real (90,91%) e o rendimento teórico em massa (72 g), que é relacionado a 100% de rendimento. Portanto, precisamos calcular o rendimento real em massa pela seguinte regra de três:

72 g ---------------- 100%

X g ---------------- 90,91%

X = 65,46 g

Isso significa que, como o rendimento da reação não é 100%, em vez de serem produzidos 72 g de água no processo de combustão de 32 g de metano, são produzidos apenas 65,46 g, de acordo com o rendimento de 90,91%.

Síntese

Neste capítulo, abordamos os princípios básicos da química analítica como uma ciência-chave para muitas outras áreas do saber e, por isso, frequentemente, chamada de *ciência central*. Em seguida, demonstramos que existem diferentes tipos de métodos analíticos que dependem de diferentes tipos de respostas. Analisamos ainda exemplos para compreender como aplicar as regras de três simples e composta, além de cálculos estatísticos básicos, como média e desvio-padrão. Na sequência, explicamos os conceitos de precisão e exatidão dos dados de um experimento ou mesmo de um método como um todo.

Por fim, demonstramos que um ponto-chave para toda e qualquer reação química é o rendimento de uma reação. Para situações ideais, muitas vezes, consideramos o rendimento da reação química como 100%; no entanto, para situações reais, isso dificilmente é verdadeiro. Por isso, é necessário analisar o rendimento real, importantíssimo em diversas áreas, em destaque a produção industrial.

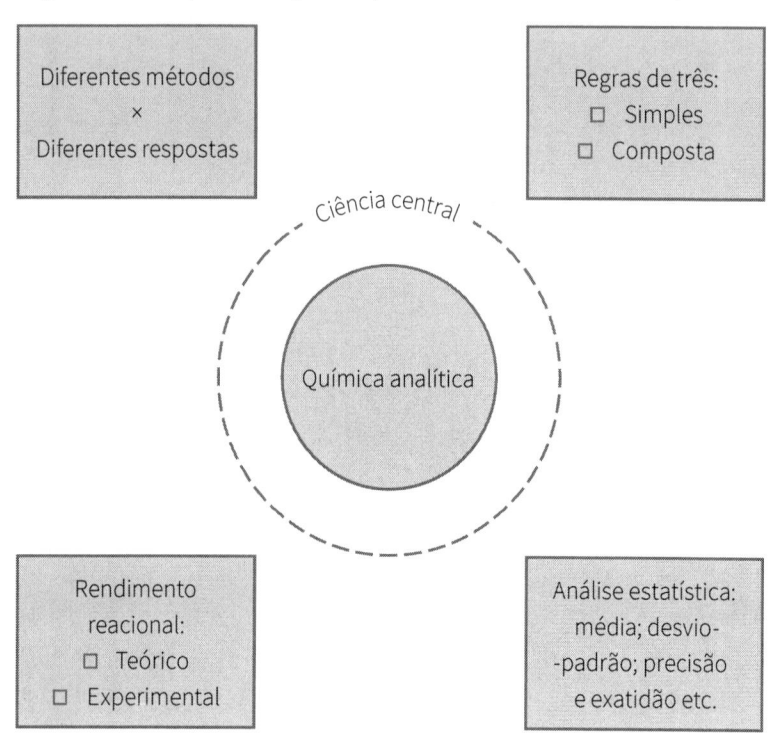

Figura 1.3 – Representação esquemática da síntese do Capítulo 1

| Diferentes métodos × Diferentes respostas | Regras de três: ☐ Simples ☐ Composta |

Ciência central

Química analítica

| Rendimento reacional: ☐ Teórico ☐ Experimental | Análise estatística: média; desvio-padrão; precisão e exatidão etc. |

Atividades de autoavaliação

1. Os métodos analíticos, normalmente, são separados de acordo com o tipo de resposta a ser analisada (massa, volume, intensidade da luz ou eletricidade). Quais são os principais métodos analíticos?
    a) Gravimétrico e volumétrico.
    b) Espectroscópico e analítico.

c) Espectroscópico, volumétrico e eletroanalítico.
d) Analítico, eletroanalítico e gravimétrico.
e) Gravimétrico, volumétrico, eletroanalítico e espectroscópico.

2. Leia atentamente as afirmativas a seguir e julgue-as verdadeiras (V) ou falsas (F):
( ) A análise gravimétrica é um ótimo método analítico para determinação de elementos traço.
( ) A resposta que é medida em análise volumétrica é o volume gasto de uma solução comparado com um padrão primário ou secundário.
( ) Propriedades elétricas, tais como potencial, corrente, resistência e quantidade de carga elétrica, não podem ser utilizadas como resposta em métodos analíticos.
( ) Um exemplo de método espectrométrico é o que usa a luz ultravioleta visível (UV-vis) como resposta analítica.
( ) Uma das principais limitações da análise gravimétrica e volumétrica é que ambas demandam grande quantidade de amostra e analito na amostra.

Agora, assinale a alternativa que apresenta a sequência correta:
a) F, V, V, F, F.
b) F, V, F, V, V.
c) V, V, V, V, V.
d) F, V, F, V, F.
e) V, F, V, F, V.

3. A análise de ferro em água de abastecimento forneceu os seguintes resultados:

Réplica	1ª	2ª	3ª	4ª	5ª	6ª
Teor de ferro (ppm)	5,01	4,90	5,20	5,10	4,99	4,95

Com base nos dados da tabela, quais são: a média, a mediana, o desvio-padrão, a variância e o coeficiente de variação dos dados, respectivamente?

a) 5,03; 5,00; 0,0118; 1,40 · 10^{-4}; 0,235.
b) 4,03; 5,10; 0,118; 1,40 · 10^{-3}; 0,213.
c) 5,00; 0,0118; 1,40 · 10^{-4}; 0,235; 5,03.
d) 5,00; 0,118; 1,40 · 10^{-3}; 0,213; 5,03.
e) 5,00; 0,0118; 1,40 · 10^{-4}; 0,352; 5,30.

4. A determinação do teor de cinzas (em %) em uma amostra de carne de gado foi feita em seis réplicas. Os dados são mostrados na tabela a seguir:

Réplica	1ª	2ª	3ª	4ª	5ª	6ª
Teor de água (%)	1,01	1,03	1,05	0,990	0,999	1,00

Segundo a literatura, esse tipo de carne apresenta, em média, 2,00% de cinzas. Com base nesse dado, conclui-se que os dados do experimento são:

a) Precisos e exatos.
b) Precisos e não exatos.
c) Exatos e não precisos.
d) Não precisos e não exatos.
e) Nenhuma das alternativas.

5. Carbonato de cálcio ($CaCO_3$) é reagente utilizado em uma série de reações químicas e o componente principal de rochas calcárias e da casca do ovo. A sua síntese pode ocorrer por meio de óxido de cálcio (CaO) e gás carbônico (CO_2). Em uma síntese, foram produzidos 150 g de $CaCO_3$, qual a massa de CaO e CO_2 utilizada na síntese, respectivamente? Considere o rendimento da reação igual a 100%.

$CaO + CO_2 \rightarrow CaCO_3$

a) 84,1 g e 66,0 g.
b) 66,0 g e 84,1 g.
c) 8,41 g e 6,60 g.
d) 6,60 g e 8,41 g.
e) 0,660 g e 0,841 g.

6. Na reação de neutralização entre 1 mol de ácido clorídrico (HCl) e 1 mol de hidróxido de sódio (NaOH), forma-se 1 mol de sal de cozinha (NaCl) e 1 mol de água. Se forem usados 1,2 mols de NaOH e HCl, quantos mol serão produzidos de NaCl. Considere o rendimento da reação igual a 100%.

a) 1,2 mol.
b) 1 mol.
c) 1,1 mol.
d) 2,4 mol.
e) 0,2 mol.

7. Para oxidar completamente um prego de 1 g, foi necessária uma solução 1 mol/L de ácido clorídrico, e a reação levou 1 dia para se concluir. Considerando o volume da solução de ácido

clorídrico fixo, mas, agora, com concentração igual a 3 mol/L, e sendo utilizados 3 pregos, quantos dias demorou para que 50% dos pregos fossem oxidados?
a) 3 dias.
b) 2 dias.
c) 1 dia.
d) 1,5 dias.
e) 2,5 dias.

8. A síntese da produção de amônio foi um importante marco para a química. No entanto, o rendimento da reação é extremamente dependente das condições do meio reacional. Em uma pressão de 10 atm, com base em 1 mol de gás nitrogênio (N_2) e 3 mols de gás hidrogênio (H_2), são gerados apenas 0,0408 mol de amônia; quando a pressão passa para 1000 atm, o rendimento chega a 70%. Qual o rendimento da reação a 10 atm e qual a quantidade em mols de amônia produzida quando o rendimento é 70%, respectivamente?
a) 2,04% e 1,4 mol.
b) 4,08% e 2,8 mol.
c) 1,4% e 2,04 mol.
d) 2,04 mol e 1,4%.
e) 0,0408% e 7 mol.

9. Na produção de iodeto de hidrogênio (HI), com base em 1 mol de iodo (I_2) e 1 mol de gás hidrogênio (H_2), observou-se a formação de 1 mol de HI. Qual o rendimento da reação?
a) 25%.
b) 100%.
c) 50%.

d) 75%.
e) 20%.

10. A reação de formação de gás carbônio (CO_2) com base em carbono (C) e gás oxigênio (O_2) apresentou um rendimento de 95%. Qual a quantidade em mol de gás carbônico produzida?
    a) 1 mol.
    b) 1,95 mol.
    c) 0,95 mol.
    d) 2 mol.
    e) 0,5 mol.

Atividades de aprendizagem
Questões para reflexão

1. Em análises químicas rotineiras, muitas vezes, deparamos com um conjunto de dados e precisamos verificar sua confiabilidade, ou seja, se realmente eles podem ser utilizados ou os experimentos devem ser repetidos. Verifique quais tipos cálculos podem ser realizados com base nos dados obtidos, para analisar a confiabilidade.

2. Em uma indústria, a produção de ácido sulfúrico com base em trióxido de enxofre (SO_3) e água (H_2O) é o carro-chefe da empresa. Por que a verificação do rendimento real e os fatores que afetam o rendimento da reação química são tão importantes para os lucros da empresa?

Atividade aplicada: prática

1. Faça uma pesquisa com os seus colegas sobre a importância das análises químicas quantitativas nos diversos campos das ciências. Pergunte se eles conseguem identificar uma vinculação real, citando exemplos de aplicação da química analítica nos seus respectivos campos do saber. Por exemplo: se um colega do curso de Agronomia consegue visualizar a extrema importância das análises químicas na determinação da acidez dos solos.

Capítulo 2

Análise quantitativa em química analítica

Nosso objetivo neste capítulo consiste em apresentar princípios analíticos básicos da análise quantitativa aplicados à análise de controle de qualidade. Abordaremos os princípios que determinam a maneira correta de se amostrar o material desejamos analisar e, em seguida, trataremos das principais etapas de uma análise quantitativa, bem como os principais métodos e as formas de expressão das respostas analíticas obtidas.

Por fim, apresentaremos, esquematicamente, as diferentes curvas de calibração usadas de acordo com as particularidades de cada amostra e/ou método.

2.1 Escolha do método analítico e amostragem

Normalmente, uma análise química envolve, primeiramente, a escolha de um método analítico adequado para o tipo de amostra em questão. Por isso é preciso considerar, nessa seleção, a dimensão da amostra e, principalmente, a quantidade de analito presente.

Como podemos observar na Tabela 2.1, existem quatro dimensões principais de amostras: amostras com tamanho maior que 0,1 g são consideradas **macro**; entre 0,01 e 0,1 g, **semimicro**; de 0,0001 e 0,01 g, **micro**; e menores do que 10^{-4} g, **ultramicro**.

Tabela 2.1 – Relação de tamanho de amostra com a classificação

Tamanho da amostra	Classificação da análise
> 0,1 g	Macro
0,01 e 0,1 g	Semimicro
0,0001 e 0,01 g	Micro
< 10^{-4} g	Ultramicro

Perceba que o **tamanho da amostra** pode variar muito em análises de um laboratório. Por exemplo: 1 g de leite em pó utilizado para verificar a quantidade de cálcio pode pressupor uma análise macro; já 5 mg de uma amostra impura de ouro poderia pressupor uma análise micro. Essa variação do tamanho da amostra implica a utilização de técnicas e métodos diferentes para o sucesso do método analítico.

Outra característica importante para a escolha do método analítico adequado é a **quantidade de analito presente na amostra**. Assim como as dimensões da amostra, a quantidade de analito classifica-se em quatro tipos: o primeiro envolve os **constituintes (analitos) majoritários**, que se encontram entre 1% e 100% do peso relativo da amostra – aqui se encaixam os procedimentos gravimétricos (que abordaremos no Capítulo 3) e alguns dos procedimentos volumétricos (que serão abordados no Capítulo 4). Se o percentual dos analitos estiver entre 0,01% (100 ppm) e 1%, temos os **constituintes minoritários**; se estiverem entre 1 ppb e 0,01% (100 ppm), são classificados como **constituintes traço**; se forem menores do que 1 ppb, são **constituintes ultratraço**, como visualizamos na Tabela 2.2:

Tabela 2.2 – Relação entre o percentual de analito na amostra e sua classificação

Percentual de analito	Classificação de constituinte
1% a 100%	Majoritário
0,01% (100ppm) a 1%	Minoritário
1 ppb a 0,01% (100 ppm)	Traço
< 1 ppb	Ultratraço

Importante!

O que devemos observar é que, conforme diminui a quantidade de constituinte na amostra, a probabilidade de erros experimentais tende a aumentar. Em determinações de elemento no nível ultratraço – por exemplo, metais pesados em alimentos –, toda a vidraria e aparelhagem, até mesmo o ambiente do laboratório, precisam estar extremamente limpos e livres de potenciais interferências, pois qualquer pequena porção de contaminação pode comprometer toda a análise (Horwitz, 1982).

A próxima etapa após a escolha de um método adequado com as características básicas da amostra é a **amostragem**. A obtenção da amostra para análises químicas, na maioria das vezes, é a etapa mais crítica e demorada de todo o processo porque, na amostragem, uma pequena porção (amostra) precisa representar fielmente todo um material.

Nesse caso, existem dois tipos de materiais: homogêneos e heterogêneos:

1. **Materiais homogêneos**: têm composição química igualmente distribuída, assim, qualquer região do material que for coletada como amostra será representativa de todo o material. Um exemplo é a amostragem de gasolina em postos de combustíveis para determinação do teor de etanol; como ambos são altamente solúveis um no outro, a distribuição é completamente homogênea.
2. **Materiais heterogêneos**: têm regiões de composição química distintas e, por esse motivo, ao coletar uma amostra que deve ser representativa do todo, é necessário coletar porções que incluam todas as regiões distintas do material. Todavia, nem sempre a identificação dessas regiões é tarefa fácil, o que, certamente, torna a amostragem em amostras heterogêneas mais trabalhosa e susceptível a erros. Um exemplo é a determinação do teor de matéria orgânica em solo, que, de modo geral, pode variar muito com a profundidade e a área do solo, entre outros fatores agroclimáticos.

A Figura 2.1 ilustra como é feito o processo de amostragem. Note que, considerando um material heterogêneo, na primeira etapa, porções são retiradas de diferentes partes desse material. Se o material for muito grande, é possível ainda reduzir volume/massa de cada porção em uma segunda etapa de amostragem, então, as pequenas porções são unidas e homogeneizadas para posterior análise. A primeira etapa envolve a obtenção da amostra bruta.

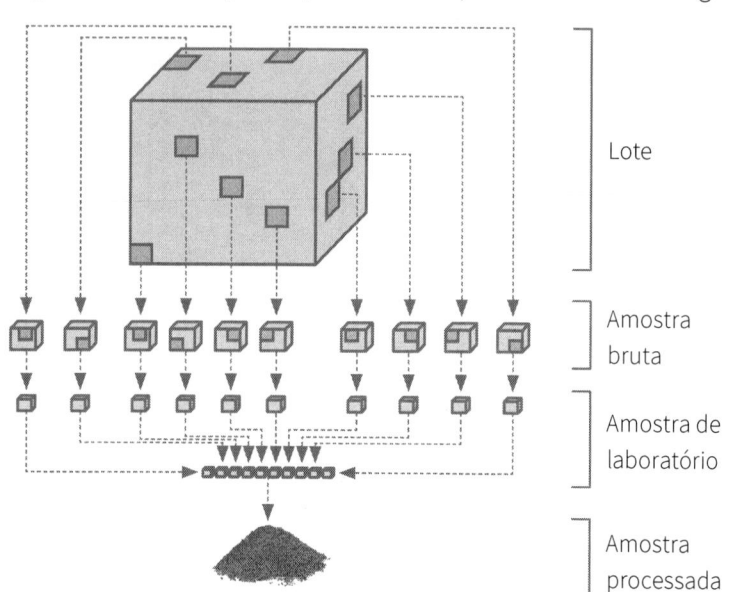

Figura 2.1 – Descrição esquemática do processo de amostragem

Lote

Amostra bruta

Amostra de laboratório

Amostra processada

Hennadii H/Shutterstock

A amostra bruta ideal deve ser uma réplica bem reduzida de todo o material a ser analisado, seja em nível químico, seja em nível de distribuição de partícula, se for o caso (por exemplo, a amostra bruta de um solo deve conter as características químicas e particulares idênticas ao do solo original). Uma amostra bruta, considerando aspectos econômicos, não deve pesar o estritamente necessário, e isso é definido, principalmente, por três fatores:

1. a incerteza tolerável entre a amostra bruta e o material como um todo na sua composição;
2. o grau de não homogeneidade do material como um todo;
3. o tamanho de partícula em que a não homogeneidade se inicia.

O terceiro fator é, de modo geral, mais crítico para sólidos particulados, como o exemplo do solo. Isso porque, para gases e líquidos, a heterogeneidade do material está em nível molecular, o que não é o caso dos sólidos. Nesses materiais, há a possibilidade de encontrar partículas heterogêneas na ordem de centímetros ou mais, o que exige peso elevado da amostra bruta que, por sua vez, implicará alto custo de processamento, além do tempo envolvido – por isso é tão importante reduzir ao máximo o peso da amostra, que, ainda assim, deve ser representativa das partes de um todo.

Com base no que discutimos até aqui, perceba que a natureza física do material influencia consideravelmente na amostragem. Materiais líquidos, soluções homogêneas e gases estão em um mesmo padrão de amostragem. Como já mencionamos, para essas situações, a heterogeneidade do material, normalmente, está em proporções moleculares e, por isso, não há necessidade de amostras brutas grandes. Quando a situação assim permitir, é recomendada a agitação do material e, logo em seguida, realizar a amostragem, pois isso garante maior homogeneidade. Todavia, nem sempre isso é possível – por exemplo, no caso da determinação da concentração de oxigênio de um lago: como ele está exposto à atmosfera, a concentração de oxigênio variará muito de acordo com a profundidade; assim, é necessária a coleta de várias porções, em diversas profundidades, sendo importante coletar as amostras em recipiente adequado que impeça a modificação da amostra.

Os gases podem ser coletados da mesma maneira: abrindo um frasco para que seja preenchido pelo gás e, então, selado; ou, ainda, adsorvidos em líquidos ou sólidos para posterior análise.

Curiosidade

Adsorção, em química, é o termo utilizado quando moléculas de um fluído (por exemplo, um gás) ficam aderidas na superfície de um material líquido ou sólido.

No caso de materiais sólidos particulados, é um desafio obter uma amostra aleatória. Há extensivos estudos para o desenvolvimento de dispositivos mecânicos capazes de resolver isso. Por exemplo: na coleta isocinética, em que dispositivos de captação são instalados em chaminés de queimadores, havendo a necessidade de controlar o fluxo e a velocidade de emissão na chaminé, a determinação dos sólidos particulados. No caso em questão, é muito importante para o controle ambiente, visto que as emissões devem seguir um padrão legal máximo de poluentes.

Um caso particular é o das ligas metálicas, pois realizar a amostragem desse material apenas da superfície pode não refletir fielmente a composição da liga porque a parte metálica do interior também precisa ser amostrada. Para a amostragem adequada de ligas metálicas, normalmente, optamos pela obtenção de um pó por meio da serragem em diversas partes, pela perfuração total do material, por meio de limalha, e, ainda, se a situação permitir, pela moagem ou fundição do material.

Exemplificando

Com base no que foi exposto até aqui, é preciso saber, agora, como proceder em uma situação real com relação à amostragem. Por exemplo, vamos considerar que, em uma linha de produção de pregos pequenos de aço, é preciso determinar o teor de carbono em um lote de mil sacos de 1 kg de pregos. Para isso, utilizamos, inicialmente, 10 sacos de pregos. Você deve estar pensando: quais serão os 10 sacos de todos os mil?

Note que, em uma análise química, 10 sacos de pregos somam 10 kg, ou seja, ainda é uma massa muito grande e, para resolver isso, fazemos nova amostragem em cada saco selecionado. Sabendo que cada saco contém 100 pregos e desejando uma amostra final com 10 pregos, como você determinaria quais serão os pregos escolhidos entre os 100 de cada um dos sacos de pregos? Para que todos os sacos na primeira amostragem e todos os pregos na segunda amostragem tenham a mesma possibilidade de serem incluídos na amostra, precisamos de um meio que forneça uma amostra aleatória.

Para resolvermos esse problema, primeiramente, precisamos enumerar cada saco de pregos com um número de 1 a 1000, sem repetições; em seguida, utilizamos métodos estatísticos. Um ótimo exemplo é o Excel®, com a ferramenta [=ALEATÓRIOENTRE(inferior; superior)], que você digita na barra de fórmulas; no lugar da palavra *inferior*, você informa o primeiro número e, no lugar de *superior*, o último número. No caso dos sacos de pregos, teremos o resultado representado na Figura 2.2:

Figura 2.2 – Ferramenta estatística do Excel® para seleção de amostras de maneira aleatória

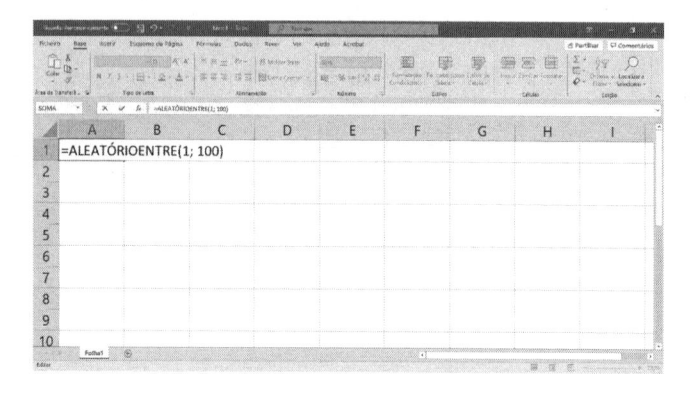

Em seguida, basta clicar em <enter>, clicar no canto inferior direito da célula e arrastar para as células seguintes da mesma coluna até a linha 10, que é a quantidade de amostras que desejamos, obtendo, então, os números aleatórios que correspondem aos números dos sacos de pregos, como observamos na Figura 2.3:

Figura 2.3 – Exemplo demonstrativo da aplicação da ferramenta "aleatório" no Excel®

Como esses 10 sacos escolhidos aleatoriamente ainda representam um volume grande de amostra, devemos realizar novo tratamento estatístico para cada saco de pregos isoladamente, ou seja, agora, daremos a cada um dos 100 pregos do saco uma numeração e, então, utilizaremos, novamente, a ferramenta [=ALEATÓRIOENTRE(1; 100)]. Perceba que, agora, o número máximo é 100 – justamente o número total de pregos em cada saco. Com base nisso, podemos escolher um prego em cada saco, totalizando 10. Em seguida, estamos aptos a realizar o processamento da amostra, por exemplo, por moagem ou fundição.

2.2 Análise quantitativa

Como abordamos na seção anterior, uma análise química envolve, primeiramente, a escolha de um método adequado e, em seguida, a obtenção da amostra – como visto, a etapa mais crítica de todo o processo e mais susceptível a erros. No entanto, o processo todo conta com uma gama de outras importantes etapas, que podem ser organizadas de diferentes maneiras.

Apesar dessas várias possibilidades, a forma mais usual e simples, talvez, seja a descrita no fluxograma da Figura 2.4, a seguir.

Figura 2.4 – Fluxograma demonstrativo de todo o processo envolvido na análise química geral

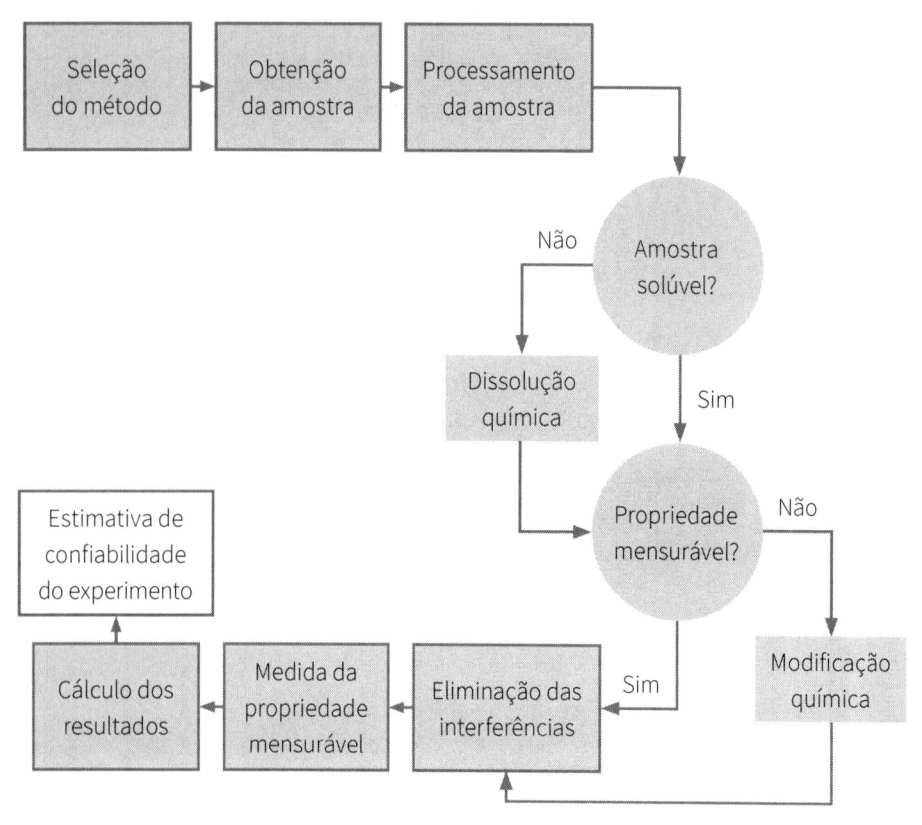

```
[Seleção do método] → [Obtenção da amostra] → [Processamento da amostra]
                                                        ↓
                                              Não  (Amostra solúvel?)
                                               ←────────┤
                                               ↓        │ Sim
                                        [Dissolução     │
                                          química]     │
                                               ↓        ↓
[Estimativa de confiabilidade do experimento]   (Propriedade mensurável?) → Não
              ↑                                         │                    ↓
              │                                         │ Sim         [Modificação química]
   [Cálculo dos ← [Medida da propriedade ← [Eliminação das
    resultados]    mensurável]              interferências]
```

Fonte: Elaborado com base em Skoog et. al, 1992.

Na sequência do fluxograma da Figura 2.4, temos o **processamento da amostra**, etapa que, em algumas poucas situações, não se torna necessária – um exemplo disso é a medida de pH de um córrego: pela obtenção da amostra, é possível realizar a medida sem qualquer processamento.

No entanto, essa não é a realidade mais comum das análises químicas, visto que a maioria delas precisa, sim, de alguma forma de processamento.

2.2.1 Processamento de amostras sólidas

As amostras sólidas podem ser trituradas e homogeneizadas; além disso, a quantidade de água, frequentemente, altera os resultados da medida, por isso é importante **secar as amostras antes de realizar a medida – ou previamente, e estocá-las em frasco selado em dessecador**. Alguns métodos possibilitam a medida da quantidade de água, seja na própria análise, seja em análises à parte.

2.2.2 Processamento de amostras líquidas e gasosas

Já com relação às amostras líquidas e gasosas, destacamos a importância da **armazenagem no processamento**: se as amostras forem deixadas em frascos abertos ou com pouca vedação, a concentração dos analitos vai alterar, por evaporação do solvente, perda do analito etc. Além disso, nas análises envolvendo gases, em alguns casos, é importante manter a atmosfera livre de interferentes, o que é possível por meio do envolvimento por um gás inerte.

Após a preparação, **a amostra deve ser solubilizada** em um solvente adequado para a medida em questão. Uma amostra ideal é dissolvida completamente (incluindo o analito) em solventes comuns, como água, cetona, etanol, hexano etc. Além disso, a solubilização deve ocorrer rapidamente e em condições que não permitam a perda ou alteração do analito, como aquecimento, por exemplo. Todavia, a maior parte das amostras apresenta componentes que não são solubilizados nos solventes comuns e demandam a utilização de condições mais drásticas do meio, como aquecimento (inclusive, altas temperaturas) ou uso de ácidos e bases fortes, agentes oxidantes ou redutores, bem como combinações de reagentes, o que torna o meio ainda mais agressivo; é uma etapa delicada, muitas vezes demorada, que exige cuidados extras no seu desenvolvimento.

Concluída a solubilização, ainda é preciso saber se há alguma **propriedade mensurável** que seja proporcional à concentração do analito de interesse; caso contrário, é necessária nova etapa extra, que vai transformar quimicamente o analito em outra espécie que apresente algum sinal que possa ser medido. Um exemplo disso são alguns tipos de aço que contêm manganês: para a sua determinação, é necessária a oxidação para MnO_4^- e, então, a medida colorimétrica.

2.2.3 Resposta mensurável

Resolvidas as duas questões quanto à solubilidade e à propriedade mensurável, é possível partir diretamente para a medida diretamente. No entanto, como já observamos, isso não é comum para a maior parte das análises, que requerem uma etapa de eliminação de interferências, de acordo com o fluxograma da Figura 2.4.

O que ocorre é que a resposta mensurável, normalmente, é proporcional ao analito e a outros elementos e compostos, ou seja, há interferência no sinal, e isso pode ocorrer até mesmo por elementos externos, como vibração. Quando o sinal de uma análise química é para um único elemento, ela é chamada *específica*; quando é para poucos elementos, é chamada de *seletiva*. Se nenhuma dessas duas situações ocorrer, é preciso isolar o analito das interferências antes que a análise ocorra, pois elas vão alterar a resposta, fornecendo dado não confiáveis.

Existem diversas formas de **eliminar interferências** em uma análise – isso dependerá de qual método, análise, analito etc. está sendo utilizado. Portanto, cada situação exigirá um estudo detalhado. Por exemplo: se a resposta mensurável é o peso de uma amostra que se modifica ao longo de uma rampa de aquecimento, como é o caso da determinação de voláteis, a balança de pesagem precisa estar isolada de vibrações, se não, fornecerá uma pesagem equivocada.

A eliminação de interferentes da matriz (componentes da amostra + analito), geralmente, está associada à:

- filtração;
- extração com diferentes solventes;
- troca isotônica e eletroquímica;
- separação cromatográfica.

Somente após todas essas etapas, a **medida de alguma propriedade mensurável** (X) é realizada. Essa propriedade pode ter natureza química ou física e deve ser, obrigatoriamente, proporcional à quantidade de analito presente na amostra.

Exemplificando

Na determinação de fósforo solúvel de fertilizantes, a recomendação é utilizar o método do azul de molibdênio, um método colorimétrico em que o comprimento de onda em 690 nm, na região do visível, é monitorado; o aumento da absorbância nesse comprimento de onda corresponde ao aumento da concentração de fosfato. Portanto, existe uma relação de proporcionalidade entre a propriedade e a concentração do analito ($[\ ]a$), que pode ser descrita pela seguinte fórmula expressa na Equação 2.1:

Equação 2.1

$$[\ ]a = k \cdot X$$

A determinação da constante de proporcionalidade k é muito importante para garantir bons resultados em uma análise química, etapa denominada *calibração*, que será abordada em mais detalhes ao final deste capítulo. Nas análises químicas, k é determinada pela comparação com padrões de concentração bem conhecida e definida, com exceção das análises gravimétricas e coulométricas (propriedade elétrica), em que k é determinada por constantes físicas.

2.2.4 Cálculo de concentração do analito

A partir disso, realizam-se os **cálculos para se obter a concentração do analito**. Esses cálculos variam de acordo com a estequiometria da reação química envolvida, bem como com as características da parte instrumental em que foi feita a medida, o método usado e, é claro, a propriedade medida. Nos capítulos subsequentes, será abordada uma série de exemplo envolvendo cada método analítico correspondente.

2.2.5 Análise de confiabilidade

A última etapa envolve a **análise da confiabilidade** dos resultados, sem a qual a análise química não terá credibilidade. Esse procedimento está, primeiramente, relacionado ao que foi abordado no Capítulo 1 em relação à obtenção de média, mediana, desvio-padrão, variância, coeficiente de variação, além da análise do conjunto de dados também quanto à precisão e exatidão. No entanto, há ainda outra infinidade de ferramentas e testes estatísticos que possibilitam avaliar a confiabilidade dos dados obtidos. Algumas ferramentas e métodos, além dos que já foram explanados no Capítulo 1, serão abordados a seguir.

Quando trabalhamos com um número considerável de réplicas, ou seja, várias repetições do mesmo experimento, e considerando que os erros existentes sejam apenas aleatórios, teremos dados que estarão agrupados em torno da média e de modo simétrico. Perceba que, com o aumento do número de réplicas, esse efeito se torna mais pronunciado e se aproxima do que chamamos de *curva gaussiana*, ou distribuição gaussiana, como retratado na Figura 2.5.

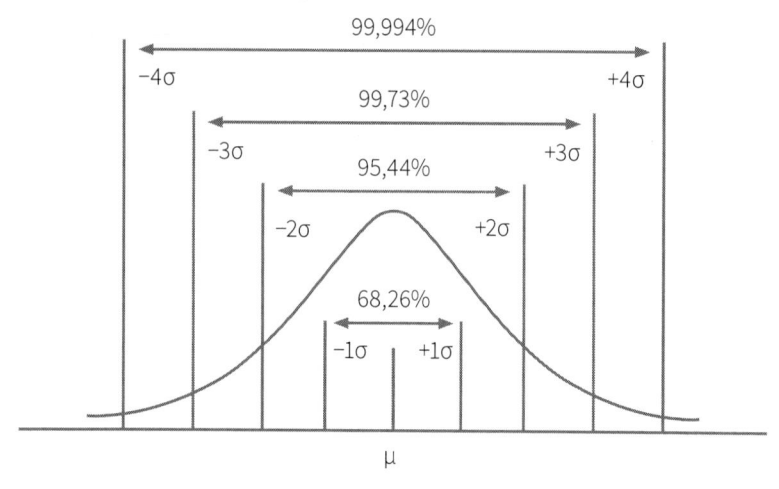

Figura 2.5 – Curva de distribuição gaussiana

Além das ferramentas estatísticas básicas, citadas no parágrafo anterior, para avaliar essa distribuição dos dados, é possível realizar outros testes, como o teste Q, ou teste de Dixon, descrito na Equação 2.2.

O que é

O teste Q é utilizado para rejeitar ou manter resultados suspeitos, de acordo com a amplitude do experimento.

Equação 2.2

$$Q = \frac{|\text{valor suspeito} - \text{valor próximo}|}{\text{maior valor} - \text{menor valor}}$$

Ao calcularmos o valor de Q, se este for maior do que Q crítico, o valor suspeito deve ser rejeitado. Os valores de Q crítico são tabelados, como descreve a Tabela 2.3, e dependem do intervalo de confiança admitido para o experimento como um todo; normalmente, o intervalo de confiança está entre 90% e 99%, mais frequentemente ainda em 95%, e é uma verificação condicionante de que a média medida (x) esteja dentro de determinada distância da média real (μ).

Tabela 2.3 – Valores tabelados de Q crítico

N. de réplicas	Q crítico (Rejeitar se $Q > Q$ crítico)		
	90%	95%	99%
3	0,941	0,970	0,994
4	0,765	0,829	0,926
5	0,642	0,710	0,821
6	0,560	0,625	0,740
7	0,507	0,568	0,680
8	0,468	0,526	0,634
9	0,437	0,493	0,598
10	0,412	0,466	0,568

Fonte: Skoog et al., 1992, p. 156.

Para aprofundarmos ainda mais a análise da exatidão, e/ou precisão, de um conjunto de dados, fazemos a comparação entre os valores que foram obtidos experimentalmente e o valor verdadeiro, valor aceito ou, ainda, outro conjunto de dados.

Essa verificação pode ser feita pelo teste Fisher-Snedecor, ou teste F, (comparação de variâncias) e pelo teste t (comparação de médias).

O que é

O teste F verifica se é possível considerar iguais as variâncias de dois conjuntos de dados. Ele é calculado por meio da razão entre as variâncias envolvidas (sendo Sa > Sb; F > 1), como observamos na Equação 2.3. Em seguida, é comparado com o *F crítico* tabelado e de acordo com o grau de liberdade (N − 1) do numerado e denominador, considerando determinado intervalo de confiança.

Se o *F* calculado for menor do que o *F crítico*, as variâncias são consideradas iguais; caso contrário, a igualdade é rejeitada.

Equação 2.3

$$F = \frac{(Sa)^2}{(Sb)^2}$$

O desvio-padrão para um conjunto experimental de 11 determinações é igual a Sa = 0,410 e o desvio-padrão de outras 13 determinações é igual a Sb = 0,110. Considerando o teste F, existe diferença significativa quanto às precisões nos conjuntos de dados experimentais? Aplicando a fórmula para o teste F, temos que:

$$F = \frac{(0,410)^2}{(0,110)^2}$$

F = 13,89

Considerando os valores de *F crítico*, de acordo com os graus de liberdade envolvidos e os intervalos de confiança de 95% e 99% (Tabela 2.4), observamos que há, sim, diferença significativa entre os conjuntos de dados analisados, pois *F* > *F crítico*.

Tabela 2.4 – Valores tabelados de *F crítico*

Confiabilidade	95%	99%
F crítico	2,91	4,71

Fonte: Skoog et al., 1992, p. 147.

Na comparação das médias (teste t), o resultado de um conjunto de dados é comparado com um valor conhecido ou verdadeiro (μ) pela seguinte relação, descrita na Equação 2.4:

Equação 2.4

$$t = \frac{|x - \mu| \cdot \sqrt{n}}{S}$$

Sendo *x* o valor da média, μ o valor conhecido ou verdadeiro, *n* o número de determinações, *S* o desvio-padrão. Se o *t* calculado for menor do que *t crítico* tabelado, consideramos a igualdade entre os dados; caso contrário, não.

Exemplificando

Observe este exemplo: 12 determinações do teor de chumbo geraram um valor médio de 9,37 ppm, desvio-padrão 0,37 ppm, considerando o valor verdadeiro como 8,72 ppm. Há diferenças significativas entre os valores obtidos e o valor verdadeiro? Aplicando a fórmula para o teste t, observamos que:

$$t = \frac{|9,37 - 8,72| \cdot \sqrt{12}}{0,37}$$

$t = 6,09$

Analisando os valores para *t crítico* (Tabela 2.5), observamos que t obtido é maior do que *t crítico*, considerando 90%, 95% e 99% de intervalo de confiança, ou seja, o resultado obtido difere do valor verdadeiro.

Tabela 2.5 – Valores tabelados de t crítico

Confiabilidade	90%	95%	99%
t crítico	1,80	2,20	3,11

Fonte: Skoog et al., 1992, p. 136.

2.3 Métodos analíticos quantitativos

Métodos analíticos quantitativos aplicados a amostras simples, de modo geral, são consideravelmente mais simples de se desenvolver do que em amostras complexas, porque a quantidade de variáveis envolvidas é muito menor. Uma análise química aplicada a uma amostra simples seria, por exemplo, a determinação do teor de cálcio em carbonato de cálcio ($CaCO_3$).

Essa determinação pode ser feita de maneira relativamente simples por uma diversidade de métodos, como:

- titulação por EDTA;
- medida de potencial de um eletrodo íon seletivo;
- absorção e emissão atômica.

Há ainda meios menos complexos, como:

- precipitação na forma de oxalato de cálcio (e, em seguida, feita a pesagem);
- titulação com permanganato de potássio.

No entanto, esse tipo de amostra (amostra simples), normalmente, não é a realidade em um laboratório de análises químicas. As amostras podem ser muito mais complexas do que isso; por exemplo, a determinação de cálcio em amostras de ossos, em conchas, em rochas etc., que são frequentemente chamadas de *amostras reais* e são bem mais complexas, com número de variáveis e possibilidade de interferências e erros muito maiores.

A solubilidade do cálcio nesses materiais não é verificada em solventes comuns, mas requer tratamentos das amostras para solubilização do íon cálcio. No entanto, nesse processo, é comum que toda a matriz seja solubilizada, isto é, outros íons podem estar presentes, serem solubilizados e interferirem na medida de uma determinada propriedade, pois, salvo exceções, são propriedades que não são específicas para o cálcio, nesse caso. Por esse motivo, outras etapas adicionais são necessárias para eliminar essas interferências antes que a medida seja realizada.

Além disso, quando trabalhamos com esse tipo de material, com alta complexidade, a escolha do método a ser utilizado para leitura de determinada propriedade do analito necessita de análise de julgamento entre as vantagens e limitações de cada técnica que pode ser utilizada, por exemplo, na determinação do cálcio. Portanto, é necessário desprender um planejamento anterior à análise para embasamento na literatura do que cabe, ou não, em cada caso, pois, como foi destacado, podemos utilizar diferentes métodos para resolver um problema – pode existir, entre eles, um método mais indicado para uma determinada situação, mas ele não será absoluto para todas as situações possíveis. Contudo, é possível propor uma verificação sistemática e alguns aspectos gerais que são importantes e auxiliam na escolha inteligente do melhor método a ser utilizado.

Importante!

Antes de qualquer coisa, é preciso ter uma visão clara e objetiva do que é o problema analítico que precisa ser resolvido. Para facilitar, precisamos obter a resposta para as seguintes perguntas:

a. Em que faixa de concentração ocorrerá a determinação do analito?
b. Qual é o nível de exatidão pretendido?
c. A amostra apresenta outros componentes? Quais?
d. Quais são as propriedades físicas e químicas presentes na amostra bruta?
e. Qual a quantidade de amostras que serão analisadas?

A faixa de concentração em que é possível encontrar o analito na amostra certamente limitará ou direcionará os grupos de métodos analíticos que devemos seguir. Se, por exemplo, a concentração está em ppm (partes por milhão), não há como encaixar um método gravimétrico ou volumétrico, pois estes trabalham com concentrações bem maiores, geralmente, na escala macro. Portanto, para esse tipo de amostra, o mais adequado são os métodos instrumentais que utilizam alguma propriedade elétrica ou eletromagnética como resposta, por exemplo, espectrofotometria ou potenciometria. Entretanto, se a concentração do analito for alta, os métodos clássicos de análise gravimétrica e volumétrica resolvem o problema, pois pequenas contaminações ou perdas de analito não vão interferir drasticamente na medida.

A exatidão é um fator que deve ser cuidadosamente atendido porque é apreciável que a exatidão de um grupo de resultados seja a maior possível; no entanto, ao aumentar a exatidão pretendida, o tempo e o esforço necessários aumentam em escala exponencial, o que nem sempre é aplicável em uma situação real de um laboratório.

Exemplificando

A exatidão requerida influencia diretamente no método a ser escolhido, por exemplo, se, na determinação de mercúrio em um córrego próximo a uma área de mineração, um erro de 10 partes por mil é o máximo tolerável; para essa determinação, é necessário o uso de métodos instrumentais, porém, se o erro tolerável passar para algumas partes mil, já é possível considerar um método gravimétrico.

A composição de uma amostra é muito importante na escolha de um método analítico, pois é preciso saber quais são os potenciais interferentes que, possivelmente, aumentarão ou diminuirão o sinal, porque, como vem sendo relatado, as propriedades medidas dificilmente são exclusivas para um único analito. Por isso, se a composição da amostra não for conhecida, é preciso uma etapa adicional, mesmo que qualitativa, para analisar os componentes presentes.

Exemplificando

Se desejamos determinar o teor de magnésio de um mineral e este apresenta alta concentração de íons alumínio, a determinação por volumetria de complexação com EDTA se torna inviável sem a remoção desse interferente (Raij, 1966).

Outro ponto a ser considerado é o estado físico da amostra – se é sólida, líquida ou gasosa, bem como se um ensaio de homogeneização é necessário, se existem componentes voláteis, ou mesmo se a amostra pode se alterar com o tempo, se precisa ser armazenada em recipiente hermeticamente fechado para evitar o contato com o ar atmosférico. Quando necessárias a decomposição ou a dissolução da amostra, é preciso estabelecer alguns testes preliminares para verificar como o procedimento será realizado e, principalmente, sem que ocorra a perda do analito.

É preciso analisar também a relação de tempo, esforço e custo e a quantidade de amostra. Se há um conjunto de amostras muito grandes, é preferível um procedimento mais rápido em que tempo e dinheiro sejam economizados. No contrário, caso se trate de poucas amostras, é recomendável utilizar um método mais minucioso e, normalmente, bem mais demorado.

As respostas para essas perguntas provavelmente fornecerão um caminho apreciável para resolver o problema. O que ocorre é que, muitas vezes, a própria experiência do laboratorista fornece um caminho rápido e claro, mas nem sempre isso é a realidade. Portanto, é importante fazer o levantamento de quais métodos serão descartados e quais serão colocados na classificação como potenciais para medida do analito. Nesse contexto, o estudo da literatura é muito importante, pois traz uma gama de experiências que já foram desenvolvidas por outras pessoas, isso se não se tratar de uma situação completamente inédita.

2.4 Expressão dos resultados

Quando realizamos experimentos em química analítica, embora estejamos trabalhando com reações químicas para determinação de um composto ou elemento químico (o analito), normalmente, a propriedade medida é uma grandeza física que será proporcional à quantidade do analito.

Uma grandeza física está relacionada às quantidades que podem ser mensuradas, sejam elas: massa, comprimento, volume, força etc. Quando realizamos a medida de uma grandeza física, é preciso que se estabeleça uma comparação com a unidade, que é outra grandeza da mesma espécie, para analisar qual é a relação entre elas definida numericamente. Isso é feito da seguinte maneira, admitindo que:

X é a quantidade de determinada grandeza física, a unidade relacionada é definida como U, e o valor definido em números Z é obtido pela seguinte relação, expressa pela Equação 2.5:

Equação 2.5

$$Z = \frac{X}{U}$$

Logo, o que será medido é expresso como:

Equação 2.6

$$Z \cdot U = X$$

Exemplificando

Por exemplo, se 1 litro (neste caso específico, símbolo m^3) é a unidade e uma medida em uma vidraria adequada (por exemplo, uma pipeta graduada) fornece certo volume (V) igual a X, ao compararmos com o valor da unidade, chegamos a um valor igual a 15,5, ou seja, $V = 15{,}5$ m^3.

Toda e qualquer medida se encaixará em uma de duas classificações: a medida direta, em que a quantidade é diretamente comparada com a unidade padrão; e a medida indireta, em que são desenvolvidos mecanismos complexos que, indiretamente, estão ligados à quantidade em questão.

Contudo, independentemente de qual seja a classificação de medida, todas elas terão erros atribuídos. Como não há uma fonte específica para esses tipos de erros, a expressão do resultado deve, obrigatoriamente, conter o valor do erro provável.

Exemplificando

Considerando ainda o exemplo anterior, imagine que verificamos, como erro provável, 0,1 L. Nesse caso, obrigatoriamente, devemos apresentar o resultado como V = (15,5 ± 0,1) m^3, o sinal ± mostra que o erro provável pode contribuir para aumentar o valor ou diminui-lo, sendo assim, o valor provável da grandeza medida está numa faixa entre 15,4 m^3 e 15,6 m^3. Lembrando que toda grandeza física é representada por uma unidade. Na tabela a seguir, listamos algumas das principais grandezas, o nome e o símbolo de acordo com o sistema internacional (SI).

Tabela 2.6 – Principais grandezas e suas correspondentes unidades e símbolos

Grandeza	Unidade	Símbolo
Comprimento	metro	m
Massa	quilograma	kg
Tempo	segundo	s
Corrente elétrica	ampere	A
Temperatura termodinâmica	kelvin	K
Quantidade de substância	mol	mol
Intensidade luminosa	candela	cd

Fonte: BIPM, 2012, p. 5.

Devemos nos atentar ao fato de que, de acordo com o exemplo citado, há a possibilidade de apresentar as unidades em seus múltiplos, ou mesmo em seus submúltiplos, o que dependerá, principalmente, da escala de grandeza – se for molecular ou macroscópica, por exemplo.

Em uma medida direta, todos os múltiplos e submúltiplos medidos foram um conjunto de números que chamamos de *algarismos significativos*; um detalhe importante é que, normalmente, o último número lido é considerado duvidoso, embora ainda assim significativo. O algarismo duvidoso refere-se à escala de medida de um dado equipamento e qualquer número que venha à direita dele não é considerado significativo.

Exemplificando

Vamos analisar um exemplo: dispomos de três réguas com diferentes escalas de comprimento (em milímetros, centímetros e decímetros) e desejamos medir certo comprimento de um papel de parede, como ilustrado na Figura 2.6.

Utilizando as três réguas, é possível realizar as seguintes medidas corretamente:

Figura 2.6 – Exemplo demonstrativo de diferentes unidades de medidas e números significativos para o mesmo material

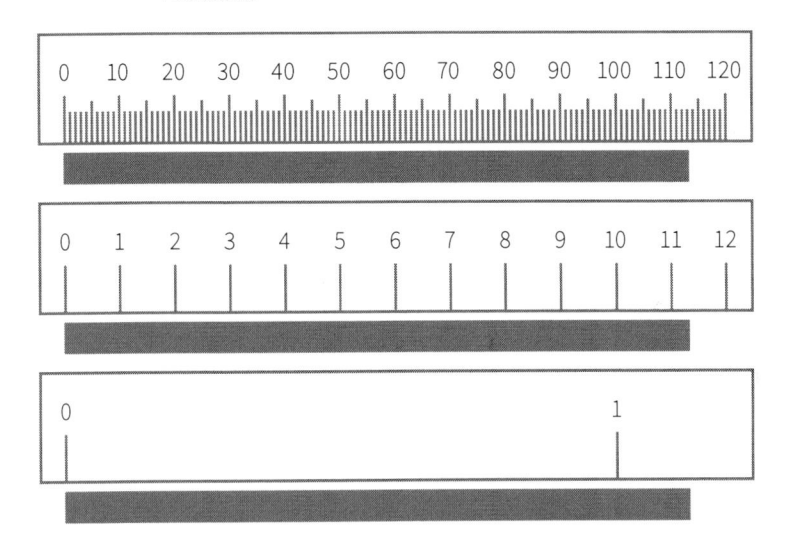

Analisando a Figura 2.6 e os dados da Tabela 2.7, a seguir, perceba que o algarismo duvidoso (destacado na tabela), na realidade, é uma suposição do observador, visto que a extremidade do pedaço de papel de parede encontra-se entre dois pontos de cuja leitura é possível ter certeza, ou seja, o observado faz uma suposição, de acordo com sua observação do provável número em que se encontra a extremidade do objeto. Isso significa que outro observador poderia ler medidas um pouco diferentes, como: 113,5 mm, 11,4 cm e 1,2 dm, e, sabendo que o último algarismo é um número duvidoso, a nova leitura também estaria correta.

Tabela 2.7 – Valores obtidos pela análise de medida representada na Figura 2.6

Instrumento para a medida	Comprimento	Número de algarismos significativos
Régua milimétrica	113,4 mm	4
Régua centimétrica	11,3 cm	3
Régua decimétrica	1,1 dm	2

Exemplificando

Em uma situação parecida, consideremos, agora, que a extremidade do objeto se encaixa perfeitamente em pontos das réguas possíveis de serem lidos com total certeza. Qual seria o algarismo duvidoso, nesse caso, se não foi preciso fazer nenhuma suposição do provável número?

Para esse tipo de caso, o algarismo significativo é o número zero (0), por exemplo, obtendo as seguintes medidas: 213,0 mm, 21,0 cm e 2,0 dm. Você já deve ter observado que, em cálculos realizados em calculadoras ou *softwares*, em alguns casos, o número zero à direita da vírgula não é registrado, contudo ele deve ser considerado; apenas zeros à esquerda não são considerados significativos.

Outro dado importante refere-se ao arredondamento dos algarismos significativos quando as medições apresentam muitos algarismos em casas decimais, pois o arredondamento segue algumas regras básicas de supressão dos algarismos significativos:

- Desconsideram-se algarismos a serem suprimidos que sejam inferiores ao número cinco.
- Caso o algarismo a ser suprimido seja igual ao número cinco, é somada uma unidade ao algarismo imediatamente anterior, no caso desse ser um número ímpar. Se for um número par, eles se mantêm inalterados.
- Adiciona-se uma unidade ao número imediatamente anterior, caso o número a ser suprimido seja maior do que o número cinco.

Veja alguns exemplos na Tabela 2.8:

Tabela 2.8 – Exemplos comparativos de valores originais e arredondados e seus algarismos significativos

Algarismos significativos originais		Algarismos significativos arredondados	
Valor	N. de algarismos significativos	Valor	N. de algarismos significativos
1,22	3	1,2	2
9,457	4	9,46	3
0,155	3	0,15	2
4,23774	6	4,2377	5

Perceba que, em consequência do processo de arredondamento, acontece a redução do número de algarismos significativos. O arredondamento é muito importante na realidade dos cálculos de medidas de laboratório, pois muitas grandezas são obtidas por meio de cálculos feitos com base em outras grandezas, medidas diretamente, e o resultado final deve ter o mesmo número de casas decimais do número que apresenta menor quantidade de algarismos significativos, relativos à grandeza envolvida no cálculo, em se tratando de uma multiplicação ou divisão. No caso de adição e subtração, será expresso com o mesmo número de casas decimais da grandeza que tiver menor número de casas decimais.

Exemplificando

Na determinação da densidade de uma peça de chumbo, é preciso determinar a massa e o volume dessa peça para efetuar o cálculo. A massa pode ser obtida diretamente utilizando uma balança, no entanto, o volume é resultado da multiplicação das arestas, se consideramos que se trata de um paralelepípedo. Suponha que a medida das arestas forneceu os seguintes valores: 11,05 cm; 5,12 cm; e 2,01 cm.

Então, o volume dessa peça pode ser obtido da seguinte forma:

$V = 11,05 \cdot 5,12 \cdot 2,01$

$V = 113,71776 \text{ cm}^3$

Como se trata de uma multiplicação e considerando os dados medidos diretamente, o valor que tem menor número de algarismos significativos é 5,12 cm (3 algarismos significativos, 2 casas decimais); logo, precisamos expressar o valor calculado com o mesmo número de casas decimais:

V = 113,7178 cm³

V = 113,718 cm³

V = 113,72 cm³

Em alguns casos, os resultados são expressos em notação científica. Primeiramente, analisaremos os seguintes números: 12 dm, 120 cm e 1200 mm. Será que se trata do mesmo número? A resposta é sim, eles apenas estão escritos em unidades diferentes e, portanto, com número de algarismos diferentes.

Um objeto que mede 120 cm deve ser interpretado da seguinte maneira: a precisão está na ordem do centímetro, lembrando que o último zero localizado à direita é o algarismo duvidoso, isso significa que, ao medir, o observador usou uma régua decimétrica.

Porém, é possível representar essas medidas em apenas um tipo de unidade, respeitando, é claro, o número de algarismos significativos originais. Por exemplo: utilizando o micrometro (μm) como unidade de medida única, teríamos: $12 \cdot 10^5$ μm, $120 \cdot 10^4$ μm e $1200 \cdot 10^3$ μm.

Uma ferramenta muito utilizada que oferece facilidade na representação dos valores e também no processo de transformar uma unidade em outra é a notação científica. Basicamente, consiste em colocarmos todos os dados com apenas um algarismo significativo à esquerda da vírgula, em seguida, colocamos o número sendo multiplicado pela potência dez e, então, o expoente dessa potência refere-se à ordem de grandeza da medida; por fim, expressamos a unidade utilizada. Os três exemplos citados anteriormente ficariam da seguinte maneira: $1,2 \cdot 10^6$ μm; $1,20 \cdot 10^6$ μm e $1,200 \cdot 10^6$ μm.

Além do devido cuidado com a expressão dos resultados, seja com relação a unidades de medidas diferentes, seja em uma mesma unidade com ou sem notação científica, há também a expressão do desvio-padrão médio da medida (cálculo demonstrado no Capítulo 1). O desvio-padrão nos informa sobre o nível de incerteza referente a um conjunto de dados, relacionado ao instrumento de medida, rigor no procedimento experimental, ou seja, sobre a confiabilidade em relação à média (x).

Os valores de desvio-padrão estão dentro de um máximo e um mínimo, contribuindo para aumentar ou diminuir o valor da média, respectivamente. Consequentemente, quanto maiores os valores máximos e mínimos em relação à média, menor será a confiabilidade dos dados.

Exemplificando

Considerando, por exemplo, que a medida de determinação do potássio em um efluente de uma indústria, realizado em cinco réplicas, fornece um valor médio de 9.550 mg/L e um desvio-padrão médio de ± 50 mg/L, a expressão desse resultado deve ser da seguinte forma: 9.550 ± 50 mg/L.

2.5 Curvas de calibração

Como abordamos no Capítulo 1, erros em medidas analíticas sempre estão presentes e são quase impossíveis de serem totalmente eliminados. No entanto, existe uma série de medidas que são tomadas para evitar ou diminuir os erros de um sinal obtido em um equipamento, uma delas é o processo de calibração. Segundo o Inmetro (2019), a calibração é definida como um procedimento realizado sob condições bem específicas, cujo objetivo é estabelecer a relação entre o valor que está sendo medido pelo equipamento, ou um valor de um material de referência com outros valores de grandezas formadas por padrões.

Existem dois tipos básicos de padrões: primários e secundários. O **padrão primário** é caracterizado por um composto que tem alta pureza e pode ser utilizado como material de referência em análises químicas. Já o **padrão secundário**, utilizado para o mesmo fim, apresenta pureza incerta e, por isso, ela deve ser determinada cuidadosamente antes de o composto ser considerado um padrão secundário. Esse conteúdo será aprofundado no Capítulo 5.

De acordo com a quantidade de padrões utilizados na calibração, ela pode ser dividida em: pontual ou multipontual.

- **Calibração pontual**: utiliza apenas um padrão de omparação em um teste experimental para determinar a constante K, que é utilizada para expressar qual é a relação da concentração do analito com a medida instrumental.
- **Calibração multipontual**: bem mais utilizada na prática, usa até cinco pontos padrão para obtenção da constante K.

Existem três principais métodos de calibração que podem ser utilizados, seja de modo pontual, seja multipontual.

Figura 2.7 - Métodos de calibração

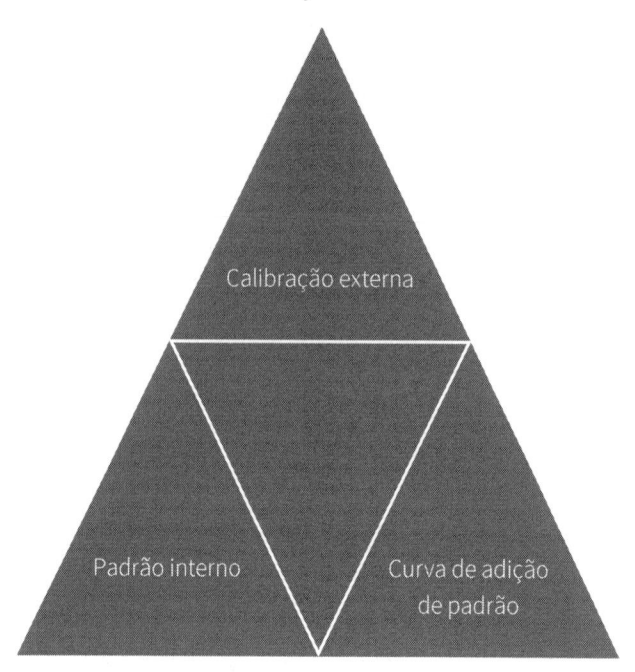

[Triângulo com: Calibração externa / Padrão interno / Curva de adição de padrão]

Além do uso de padrões, a maioria dos métodos precisa medir a resposta instrumental da análise para possíveis impurezas ou potenciais interferentes presentes nos reagentes. Essa medida é chamada de *branco*, e o sinal obtido, normalmente, é descontado da medida de uma amostra real.

2.5.1 Método de calibração externa

O método da curva da calibração externa segue um protocolo básico. Em primeiro lugar, é preciso preparar as soluções-padrão do analito, o que pode ser feito por meio de uma solução concentrada em estoque realizando diluições, no mínimo, cinco diluições, quando trabalhamos com o modo multipontos; os valores de concentração devem estar numa faixa em que as amostras reais se enquadrem dentro do máximo e do mínimo das soluções-padrão. Em seguida, medimos o sinal instrumental para o branco e as soluções-padrão e, com esses dados, construímos um gráfico de sinal obtido no eixo y e concentração do analito nas soluções-padrão no eixo x.

Nesse gráfico, é feito um ajuste da curva da calibração externa, o que consiste, resumidamente, em traçar uma reta que melhor se ajuste aos pontos experimentais do gráfico. Essa reta pode ser representada por uma equação, a chamada *equação da reta*, e pode ser obtida por diferentes métodos matemáticos, como o método dos determinantes, ou do coeficiente angular. Todavia existem diversos *softwares* que podem fornecer essa equação com comandos simples.

Exemplificando

A determinação amperométrica de vitamina C em medicamentos, pelo modo multipontual, realizada em triplicata, forneceu os valores de correntes para soluções-padrão utilizadas que observamos na Tabela 2.9:

Tabela 2.9 – Valores para concentração da solução-padrão e sinal analítico

Concentração das soluções-padrão (µmol/L)	Média do sinal analítico (µA)[1]
0	0
1	1,39
2	2,79
4	6,01
6	9,43
8	12,5

[1] Nota: a média do sinal analítico está descrita já subtraindo o valor do branco.

Com base nesses dados e utilizando o Excel®, montamos o gráfico de sinal analítico (eixo y) e de concentração das soluções-padrão (eixo x), como observamos na Figura 2.8. Outros *softwares* podem ser utilizados, como o Origin® ou o LibreOffice Calc.

Figura 2.8 – Demonstrativo da construção do gráfico de sinal analítico para o exemplo da Tabela 2.9

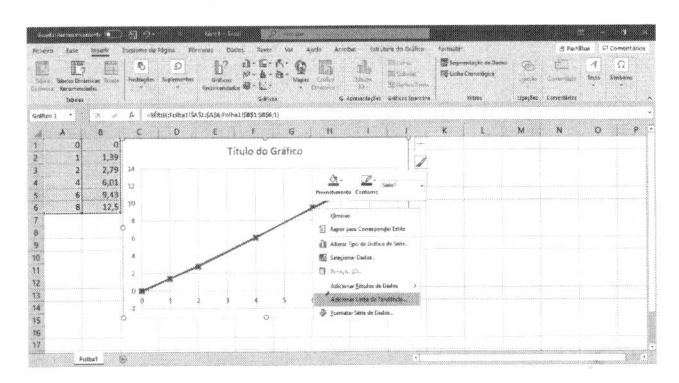

Ao clicarmos com o botão direito do *mouse* em qualquer um dos pontos experimentais, devemos clicar na opção <Adicionar Linha de Tendência>. Em seguida, na janela que abrir, marcar a opção <Linear em Tipo de Tendência/Regressão> e, depois, as opções <Exibir equação no gráfico> e <Exibir valor de R-quadrado (R^2) no gráfico>, como observamos na Figura 2.9.

Figura 2.9 – Obtenção da equação da reta e R^2 pelo *software* estatístico

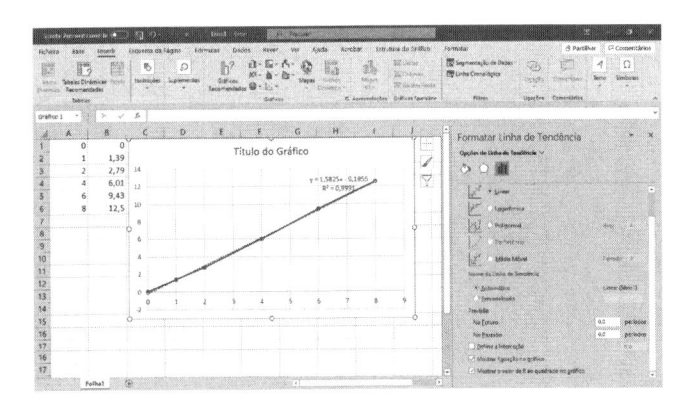

O valor de R^2, também chamado de *coeficiente de correlação*, serve para indicar o grau de correlação que as duas variáveis apresentam, em outras palavras, o nível em que os pontos experimentais se aproximam do ajuste linear. Em situações ideais, o valor de R^2 é –1,0, no caso de uma inclinação negativa; ou +1,0, no caso de inclinação positiva. Contudo, na prática, isso é muito difícil de ocorrer; em situações reais, um R^2 que possua quatro algarismos 9 após a vírgula (0,999) é considerado ótimo e um R^2 com três algarismos 9 após a vírgula (ex.: 0,9991) é o mínimo aceitável para poder considerar a equação da reta obtida pela calibração para os cálculos das amostras reais.

Como o de R^2, para o exemplo apresentado, se enquadrou no aceitável, é possível utilizar a equação da reta, obtida para avaliar a concentração de amostras reais. Na equação da reta, os valores de *y* são substituídos pelo sinal analítico de amostras reais e os valores de *x* obtidos expressam as concentrações.

Exemplificando

Se a medida de uma amostra real forneceu o sinal analítico de corrente de 5,51 µA, então, substituindo esse valor na equação temos que a concentração do analito para essa amostra corresponde a:

$y = 1,5825x - 0,1855$

$5,51 = 1,5825x - 0,1855$

$$\frac{(5,51 + 0,1855)}{1,5825} = x$$

$x = 3,599052133$

$x \approx 3,60$ µmol/L

Portanto, de acordo com a equação da reta, obtida pelo ajuste linear do gráfico de sinal analítico, em função da concentração das soluções-padrão do analito, um sinal igual a 5,51 µA corresponde a uma concentração de analito de 3,60 µmol/L.

Já para o modo pontual, apenas um padrão é utilizado para obter o valor da constante de proporcionalidade. Por exemplo: para sinais analíticos do branco e da solução-padrão 2,00 µmol/L têm os valores 0,100 µA e 2,89 µA, respectivamente, então, montamos a seguinte equação:

Equação 2.7

Sinal analítico (µA) = K · concentração (µmol/L)

$(2,89 - 0,100) = K \cdot 2,00$

$\dfrac{2,79}{2,00} = K$

K = 1,395 µA · L/µmol

Se obtivermos um sinal analítica para uma amostra igual a 5,61 µA, logo:

$(5,61 - 0,100) = 1,395 \cdot$ concentração

$\dfrac{5,51}{1,395} =$ concentração

concentração = 3,95 µmol/L

Percebemos pequenas diferenças quando comparamos os valores obtidos pelos diferentes modos, contudo; na prática, o modo multipontual é mais utilizado.

2.5.2 Método da curva de adição

O método da curva de adição de padrão é ideal para matrizes que apresentam alta dificuldade ou impossibilidade de serem copiadas em laboratório. O procedimento consiste, basicamente, em adicionar quantidades conhecidas de um padrão na amostra desconhecida, a quantidade de analito na amostra é relativa ao aumento do sinal analítico, todavia é um método que requer uma resposta linear do analito.

Quando utilizamos o modo pontual, duas porções da amostra são separadas; a uma delas, adiciona-se uma quantidade conhecida de uma solução-padrão; a outra é mantida igual, então, os sinais analíticos obtidos são utilizados para determinar a concentração de analito na amostra.

Exemplificando

Usualmente, a determinação de fosfato é feita pelo método do azul de molibdênio (um método colorimétrico). Sabendo disso, uma amostra de 5 mL de um fertilizante comercial foi adicionada aos reagentes do método do azul de molibdênio. A amostra foi diluída para 100 mL e, após 20 minutos, 25 mL da espécie formada forneceu uma absorbância de 0,550. Em uma segunda alíquota da mesma amostra, foi adicionado 2,00 mL de uma solução-padrão contendo 0,1 mg de fosfato, e, para essa segunda solução, obtivemos uma absorbância de 0,650. Com base nesses dados e considerando que a relação seja linear entre absorbância e concentração de fosfato, é possível determinarmos a concentração de fosfato na amostra (em mg/mL).

Para resolvermos isso, é preciso combinar as duas equações de absorbância, da primeira (A_1) com a segunda (A_2) solução. A primeira, sem a adição do padrão, tem a equação é dada por:

Equação 2.8

$$A_1 = k \cdot cd$$

Sendo k a constante de proporcionalidade e cd a concentração do analito na amostra. Já na segunda solução, a absorbância é dada pela seguinte fórmula:

Equação 2.9

$$A_2 = \frac{k \cdot Vd \cdot cd}{Vt} + \frac{k \cdot Vp \cdot cp}{Vt}$$

Vd é o volume da amostra (25,00 mL), Vp é o volume da solução-padrão que foi adicionada (2,00 mL), Vt é o volume total depois de a solução-padrão ter sido adicionada (28,00 mL) e cp é a concentração da solução-padrão adicionada (0,0500 mg/mL).

Agora, precisamos isolar a constante de proporcionalidade k da primeira equação e substituir k na segunda, deixando o que desejamos calcular isolado, ou seja, a variável cd. Assim, temos a seguinte equação:

Equação 2.10

$$cd = \frac{A_1 \cdot cp \cdot Vp}{A_2 \cdot Vt - A_1 \cdot Vd}$$

$$cd = \frac{0{,}550 \cdot 0{,}0500 \cdot 2}{0{,}650 \cdot 28 - 0{,}550 \cdot 25}$$

$$cd = 0{,}0124 \text{ mg/mL}$$

No entanto, essa é a concentração para a amostra diluída. Para obtermos a concentração da amostra original, precisamos aplicar o cálculo da diluição, que será detalhado no Capítulo 5, basicamente, esse cálculo relaciona concentração inicial C_1 e volume inicial V_1 com concentração final C_2 e volume final V_2, como observamos na Equação 2.11:

Equação 2.11

$$C_1 \cdot V_1 = C_2 \cdot V_2$$

Como o volume inicial, a concentração e volume finais são conhecidos, basta substituir na fórmula, então:

$$C_1 \cdot 5\ mL = 0{,}0124\ \frac{mg}{L} \cdot 100\ mL$$
$$C_1 = 0{,}248\ \frac{mg}{L}$$

No método das adições múltiplas, são feitas as adições de quantidades precisamente conhecidas de solução-padrão à solução do analito. Desse modo, o aumento do sinal observado é utilizado para calcular a quantidade de analito na amostra original. É um método que requer, obrigatoriamente, uma resposta linear para o analito, e é recomendado quando for muito difícil ou impossível reproduzir fielmente a matriz da amostra.

A calibração pontual é feita por meio de duas porções da amostra, a primeira porção é medida apenas com o analito (X), sem adição de qualquer padrão, e, na segunda porção, a leitura é feita com a adição de uma quantidade conhecida de solução-padrão (P). Os cálculos envolvem as seguintes fórmulas:

Equação 2.12

$$\frac{[X]_i}{[P]_f + [X]_f} = \frac{I_X}{I_{P+X}}$$

Considerando um volume inicial (V_0) da solução contendo o analito, e, para o volume da solução-padrão que foi adicionado (V_p), que possui concentração conhecida $[P]_i$, e, ainda, que o volume total seja dado por $V = V_0 + V_p$, as concentrações podem ser calculadas por meio das equações (Equações 13 e 14):

Equação 2.13 e Equação 2.14

$$[X]_f = [X]_i \cdot \frac{V_0}{V} \quad \text{ou} \quad [P]_f = [P]_i \cdot \frac{V_p}{V}$$

Exemplificando

Na determinação da concentração de vitamina C em um comprimido efervescente, uma amostra apresentou corrente de oxidação igual a 7,24 µA e, após a adição de 10 mL de uma solução 1 µmol/L de uma solução-padrão de vitamina C a 90 mL de uma alíquota da amostra, o sinal observado passou para 9,30 µA. Então, a concentração de vitamina C na amostra original é obtida por meio do seguinte cálculo:

$$\frac{[X]_i}{1 \cdot \frac{10}{100} + [X]_i \cdot \frac{90}{100}} = \frac{7,24}{9,30}$$

$[X]_i = 0,07785 + 0,7007 \, [X]_i$

$[X]_i = 0,35 \, \mu mol/L$

No caso da curva de adição de padrão, são feitas várias adições da solução-padrão do analito em concentrações e volumes conhecidos em várias porções da amostra de volume fixo e conhecido; assim, uma curva analítica pode ser obtida e a concentração relacionada com a área abaixo da curva. Por exemplo: na determinação da concentração de cobre (Cu) em uma amostra de cachaça, foram feitas as seguintes adições de solução-padrão, obtendo as respectivas áreas:

Tabela 2.10 – Exemplo para obtenção da curva de adição de padrão

[Cu] padrão (ppm)	Área
0	2,52
2	3,59
4	4,66
6	5,73
8	6,80

A equação da reta para esses pontos é a própria curva analítica e, com isso, podemos obter a concentração de cobre na amostra de cachaça. Sabendo que a equação da reta para esses dados é:

Área = 2,52 + 0,535 · [Cu]

Então, para área igual a zero e considerando o valor em módulo, temos que:

$$[Cu] = \frac{2,52}{0,535} = 4,71 \text{ ppm}$$

2.5.3 Método do padrão interno

O método do padrão interno utiliza um material de referência adicionado em todo o experimento (branco, padrões e amostras). Essa referência deve dispor de características químicas e físicas que se aproximem das do analito, caso contrário, não poderá ser utilizada. O gráfico, nesse caso, é obtido pela razão do sinal do analito e da referência no eixo y; e a concentração do analito nos padrões é expressa no eixo x. Esse método é aconselhado quando existe alguma interferência que ocasione erros e ela afete ambos (amostra e referência).

Exemplificando

A temperatura em uma medida pode interferir na leitura da amostra; se ela interfere com mesma intensidade, o sinal da referência, a razão utilizada no método do padrão interno, poderá compensar possíveis variações de temperatura.

Síntese

A análise química quantitativa envolve, em aspectos gerais, algumas etapas básicas, em que é preciso identificar a quantidade do analito na amostra, o tamanho da amostra, o nível de exatidão requerido, a existência de potenciais interferentes e quais propriedades podem ser medidas na amostra, pois isso definirá qual o método ou grupo de métodos mais adequados para a medida. Nesse contexto, a **amostragem** é uma etapa crítica, pois, dentro de um lote, muitas vezes grande, ela deve ser representativa do todo, e isso se tornará cada vez mais difícil conforme a heterogeneidade da amostra aumenta; para facilitar, existem ferramentas estatísticas que auxiliam nessa etapa. Em muitos casos, após a amostragem, a amostra não pode seguir para solubilização e medida, ou seja, é preciso processá-la por meio de moagem, fusão etc.

Quanto à **solubilização**, você aprendeu que a maioria das amostras não é solúvel em solventes comuns e, portanto, precisa passar por um tratamento mais drástico de dissolução. Em relação à **medida**, às vezes, é preciso tornar o analito disponível para que ele apresente uma resposta que possa ser medida e, ainda assim, algumas medidas são necessárias para eliminar ou reduzir o efeito de interferentes. Nesse sentido, os **processos de padronização** e **calibração** se mostram bastante eficientes. Em alguns casos, principalmente em métodos instrumentais, o resultado já é convertido em termos de concentração do analito, no entanto, na grande parte das vezes, é preciso fazer outros cálculos para obter o valor expresso em concentração, o que irá variar de acordo com o método utilizado.

Ainda com relação à expressão dos valores obtidos e calculados, é importante levar em consideração as possíveis **unidades de medida**, respeitar as regras relacionadas aos números significativos etc. Por fim, depois de todo esse processo, é preciso realizar o **tratamento dos dados** para verificar se os dados obtidos são confiáveis ou não. Para isso, existe uma série de cálculos e tratamentos estatísticos que podem auxiliar, pois, sem essa etapa, toda análise não terá credibilidade.

Atividades de autoavaliação

1. Uma amostra de massa 0,001 g possui um analito na faixa de concentração de 1 ppb. Esta será uma análise **micro** de classificação de constituinte **ultratraço**, ou seja, níveis altos de analito. Julgue os termos destacados como verdadeiro (V) ou falso (F), respectivamente:
   a) F, F, V.
   b) F, V, F.
   c) V, F, F.
   d) V, V, F.
   e) F, F, F.

2. O método do indofenol é um importante recurso para determinação de amônio. Considerando que a leitura de uma solução-padrão de concentração 2,00 µmol/L forneceu um valor de absorbância em 690 nm igual a 0,450, qual é a constante de proporcionalidade (K)? Com quantos algarismos significativos deve ser expresso o resultado? Se o resultado fosse expresso em L/mol, qual seria o valor? Assinale a alternativa que indica esses valores, respectivamente:
   a) K = 2,25 L/µmol; 3; $K_{(L/mol)}$ = 225 · 10^3 L/mol.
   b) K = 225 · 10^3 L/µmol; 3; $K_{(L/mol)}$ = 2,25 L/mol.
   c) K = 2,25 L/µmol; 3; $K_{(L/mol)}$ = 225 L/mol.
   d) K = 2,25 L/µmol; 2; $K_{(L/mol)}$ = 225 · 10^3 L/mol.
   e) K = 0,225 L/µmol; 3; $K_{(L/mol)}$ = 225 · 10^3 L/mol.

3. Utilize o teste de comparação das médias (teste t) para identificar o valor de t e se há diferenças significativas entre os valores obtidos e os valores verdadeiros. Considere o

seguinte experimento: 4 determinações do teor de sódio em uma bebida isotônica geraram um valor médio de 505 ppm, desvio-padrão 5 ppm e considerando o valor verdadeiro como 500 ppm. Considere, ainda, intervalo de confiança de 95% (t crítico = 2,20):
a) t = 2; não há diferenças.
b) t = 2; há diferenças.
c) t = 2,20; há diferenças.
d) t = 1; não há diferenças.
e) t = 4; há diferenças.

4. Uma amostra de um material grande e heterogêneo deve ser:
a) Representativa de todo o material e quanto menor possível.
b) Representativa de todo o material e quanto maior possível.
c) Não necessariamente representativa de todo o material e quanto menor possível.
d) Não necessariamente representativa de todo o material e quanto maior possível.
e) Desconsiderada, pois é impossível realizar a amostragem em um material com essas características.

5. O teor de elementos minerais presentes na água potável é um importante fator a ser avaliado. Entre eles, há o potássio, que pode ser determinado, facilmente, por fotometria de chama. Para determinar a concentração de potássio de uma água mineral comercial, em que se obteve uma intensidade de emissão igual a 15,0, foi construída uma curva-padrão de calibração externa com cinco pontos, obtendo a seguinte tabela:

Concentração da solução-padrão (ppm)	Intensidade da emissão de K
1,0	6,00
2,0	9,00
4,0	14,0
6,0	20,0
8,0	25,0

Qual a equação da reta, o R^2 e a concentração de potássio na amostra de água mineral comercial?

a) y = 2,7195x + 3,378; R^2 = 0,9901; 4,27 ppm.
b) y = 2,7195x + 3,378; R^2 = 0,9901; 5,27 ppm.
c) y = 2,7195x + 3,378; R^2 = 0,9991; 4,27 ppm.
d) y = 3,7195x + 4,378; R^2 = 0,9991; 4,27 ppm.
e) y = 3,7195x + 4,378; R^2 = 0,9991; 60,2 ppm.

Atividades de aprendizagem

Questões para reflexão

1. Escolha um equipamento ou vidraria de laboratório e pesquise como é feita sua calibração, bem como quais as consequências práticas se ele estiver descalibrado. O que isso poderá implicar, por exemplo, no controle de qualidade da linha de processamento de uma indústria? Em seguida, faça uma breve discussão com seu grupo de estudos sobre o assunto.

2. Escolha um alimento que apresente cálcio em sua composição, então, com base no que você aprendeu neste capítulo, monte uma possível rota de determinação desse elemento, passo a passo, descrevendo o porquê da escolha de determinado método, pesquise os possíveis interferentes e como reduzir ou eliminar essas influências, planeje como verificar a confiabilidade dos dados etc.

Atividade aplicada: prática

1. O lacre de latinhas de refrigerantes e bebidas alcóolicas, além de alumínio, possui certo teor de magnésio, manganês, entre outros metais. Para quantificar o teor desses e de outros metais presentes, será utilizada a técnica de espectrometria de emissão atômica por plasma acoplado indutivamente (ICP – OES). Contudo, é preciso, primeiramente, recolher um lote de 100 lacres de latinha de diferentes fontes e realizar a amostragem reduzindo para apenas 5 lacres, que serão processados, dissolvidos, devidamente preparado para a análise. Qual(is) seria(m) a(s) estratégia(s) de amostragem(ens) cabível(is) nesse caso?

Capítulo 3

Gravimetria

Nosso objetivo neste capítulo consiste em apresentar e aplicar os princípios da análise quantitativa na análise por gravimetria e, mais especificamente, os principais métodos gravimétricos utilizados:

- gravimetria de precipitação;
- gravimetria de volatilização;
- eletrogravimetria;
- titulação gravimétrica.

Apresentaremos os cálculos envolvidos na aplicação da análise gravimétrica, incluindo o controle de qualidade e as variáveis que interferem na gravimetria, tais como:

- solubilidade;
- temperatura;
- concentração dos reagentes;
- velocidade de adição dos reagentes.

Também apresentaremos outras variáveis secundárias, como:

- pH;
- reações paralelas;
- presença de íons comuns, entre outras.

Por fim, vamos analisar, por meio de aula prática demonstrativa, padrões de qualidade de uma amostra de água, com ensaios físico-químicos como a medida de pH e gravimétricos como teor de ferro.

3.1 Fundamentos de análise gravimétrica

Uma diversidade de métodos analíticos baseia-se na medida da massa de determinado composto puro e estável, a qual estará diretamente relacionada à quantidade de analito. Esse conceito pode ser empregado também para separação de impurezas potencialmente interferentes, realizando a precipitação e separação da solução.

Entre os métodos que detalharemos neste capítulo, estudaremos os seguintes:

- **Gravimetria por precipitação**: em que uma amostra é solubilizada e, então, o analito de interesse é separado pela precipitação e pesado.
- **Gravimetria por volatilização**: um gás é pesado para determinação da concentração do analito; esse gás deve ter composição conhecida e ser isolado da amostra durante o processo.
- **Eletrogravimetria**: técnica na qual utilizamos um processo de oxirredução pela passagem de corrente elétrica para depositar um produto em um eletrodo, e a massa desse produto se relaciona com a concentração do analito.
- **Titulação gravimétrica**: em que utilizamos a relação indireta da massa do reagente (de concentração conhecida), que é utilizada para consumir todo o analito e, com base nessa relação, é possível determinar a concentração do analito.

Outro método gravimétrico que não será detalhado neste livro, mas que é bastante utilizado principalmente em pesquisas científicas, é a **espectrometria de massas atômicas**, quando a amostra é separada em íons gasosos e a concentração de todos os íons separados é medida pela relação com a corrente elétrica que é produzida quando atingem um detector de íons.

3.1.1 Gravimetria de precipitação

Como explicamos, na gravimetria de precipitação, o analito de interesse é precipitado na forma de um composto com baixa solubilidade, separando-o do restante dos componentes da amostra. Alguns processos requeridos para esse método são:

- preparação da amostra e soluções;
- precipitação e digestão;
- filtração e lavagem;
- calcinação ou secagem;
- pesagem;
- cálculos.

Como já comentamos em capítulos anteriores, a análise gravimétrica clássica necessita de amostras maiores e concentração de analito na escala macro. Portanto, durante o processo de amostragem adequado, é preciso pensar em uma quantidade de amostra suficiente para garantir a eficiência do método.

Em muitos casos, trabalhamos com amostras sólidas e, por isso, primeiramente, é preciso realizar um ataque químico para dissolver a amostra, extraindo o analito, que será posteriormente precipitado. Para esse processo, é necessário conhecimento teórico, ou seja, saber qual espécie, se formada, terá baixa solubilidade. Para isso, é importante buscar na literatura a solubilidade ou produto de solubilidade (kps) que indicará o quão solúvel será um composto formado. Sabendo disso, é possível preparar uma solução que contenha as características necessárias para que o analito possa ser precipitado.

Exemplificando

Carbonato de sódio (Na_2CO_3) tem altíssima solubilidade em água (300 g/L), porém o carbonato de cálcio ($CaCO_3$) tem baixíssima solubilidade no mesmo solvente (14 mg/L), ou seja, a solução do mesmo ânion (CO_3^{2-}) é eficiente para precipitação de cálcio, mas é ineficiente para precipitação de sódio.

Portanto, para garantir a eficiência do método gravimétrico, o precipitado formado deve apresentar algumas características básicas, por exemplo: ser facilmente filtrado, ter baixa solubilidade, como já comentamos, ser inerte em relação à atmosfera, ter composição química estável e conhecida, seja após secagem, seja após calcinação.

Antes de passar para a filtração, em alguns casos, é importante realizar a digestão do precipitado. É um processo em que o sólido formado permanece na solução "mãe" com temperatura por determinado tempo. Esse procedimento leva à recristalização, aumento da pureza, podendo levar ao aumento do tamanho das partículas, o que é, consideravelmente, favorável para evitar perdas durante a filtração.

Na filtração, o precipitado é separado da solução, o que pode ocorrer utilizando métodos e vidrarias simples, como a filtração em papel-filtro em funil simples; contudo, quando se trata de precipitados com tamanho de partícula muito pequeno, é necessário o uso de outros métodos, como a centrifugação; para precipitados coloidais, normalmente, o processo de coagulação é requerido. A lavagem é importante nessa etapa, pois auxiliará na remoção de impurezas e restos de reagentes adsorvidos na superfície das partículas. É importante utilizar uma solução de lavagem em que o analito apresente baixa ou nula solubilidade para evitar pequenas solubilizações do precipitado, o que poderia causar erros na medida final; usualmente, uma solução contendo o contraíon do analito é empregada para garantir que o analito permanecerá na sua forma precipitada.

Em seguida, o precipitado é seco em estufa para eliminar todo o solvente nele contido, geralmente, água; algumas vezes, o precipitado é altamente hidroscópico (absorve água com facilidade), ou, ainda, não é altamente estável, nesses casos, costumamos calcinar o precipitado transformando-o em uma espécie química mais estável, normalmente, um óxido. Somente após todas essas etapas e cuidados, o material é pesado para determinação da concentração do analito. Na Seção 3.2, "Cálculos", apresentaremos exemplos relacionados aos cálculos de cada um dos métodos apresentados.

3.1.2 Gravimetria por volatilização

Na gravimetria de volatilização, ocorre a separação do analito pelo aquecimento ou decomposição química da amostra. Esses tratamentos fazem com que os compostos voláteis presentes na amostra sejam liberados, o que, automaticamente, influenciará na mudança de massa. Essa mudança é usada para determinar a massa do analito, direta ou indiretamente.

No método indireto, após o tratamento da amostra, ela é pesada novamente e a diferença de massa corresponderá à massa do analito. Esse método, contudo, pode não ser o mais indicado quando a amostra apresenta mais de um componente volátil, pois a diferença de massa estará relacionada a todos os componentes voláteis, não sendo específico. Mesmo com essa limitação, o método indireto é amplamente utilizado industrialmente.

Exemplificando

Na determinação do teor de água em amostras de cereais, basicamente, uma amostra representativa é aquecida em uma balança de lâmpada de infravermelho, a lâmpada aquece a amostra até massa constante e a diferença de massa é, indiretamente, relacionada com a quantidade de água.

Já o método direto baseia-se na coleta do analito e, posteriormente, a pesagem, aquela pode ser feita por meio de reagente que "capturam" o analito e vai variar de acordo com o que se pretende analisar.

Exemplificando

No caso da água, uma amostra de fruta é aquecida e os componentes voláteis passam por um recipiente contendo um agente dessecante forte (por exemplo, sílica ativa). O ganho de massa do agente dessecante é, diretamente, relacionado com a quantidade de água da amostra. Se o componente volátil a ser determinado for gás carbônico (CO_2) para determinação de carbonato (CO_3^{-2}), o reagente de captura desse gás será o hidróxido de sódio (NaOH), adsorvido em silicato não fibroso. Portanto, para cada caso, há um reagente específico para determinação de um dado analito volátil, como observamos na Figura 3.1:

Figura 3.1 – Representação esquemática da determinação de CO_2 por gravimetria de volatilização

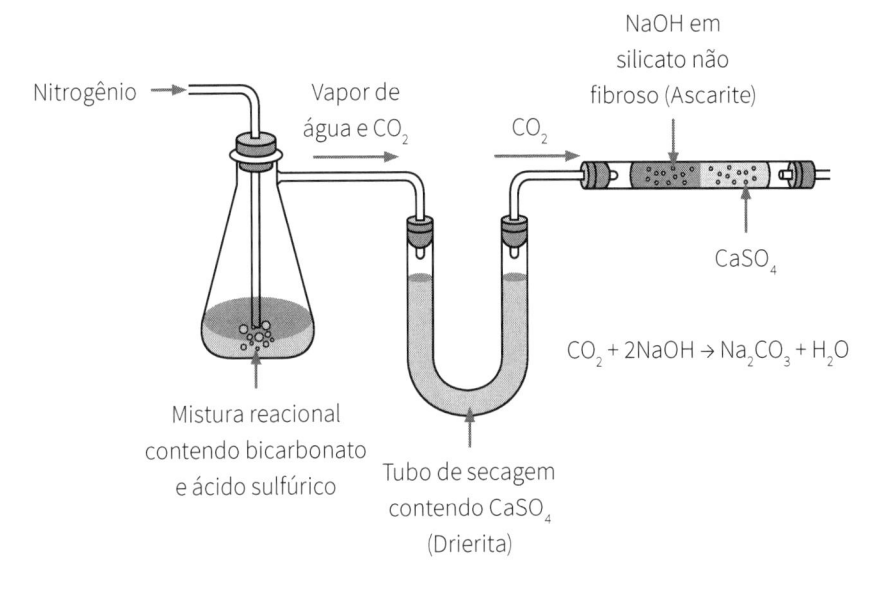

$CO_2 + 2NaOH \rightarrow Na_2CO_3 + H_2O$

Fonte: Skoog et al., 1992, p. 315.

3.1.3 Eletrogravimetria

Em eletroquímica, existem dois tipos de situações principais: uma baseada em reação espontânea ($\Delta E > 0$), em que a energia química é transformada em energia elétrica; outra, em reações não espontâneas ($\Delta E < 0$), em que a energia elétrica é utilizada para promover uma reação química. A eletrogravimetria baseia-se nessa segunda situação, ou seja, uma corrente elétrica é aplicada em uma solução contendo o analito de modo que ele possa ser separado da amostra dissolvida, pesado e quantificado. Esse processo chama-se *eletrólise* e é definido com a decomposição de um material pela ação da corrente elétrica, sendo que o material pode ser um composto iônico fundido – eletrólise ígnea – ou em solução aquosa – eletrólise aquosa. No entanto, no caso específico da eletrogravimetria, a eletrólise deve envolver a formação de um produto sólido, possível de ser pesado. Os íons presentes migrarão para o polo oposto à sua carga, descarregando-a; quando se tratar da eletrólise aquosa, além da presença dos íons do material, há a presença dos íons que compõem a água (H^+ e OH^-); portanto, para essa situação, haverá uma ordem de descarga na tabela que vemos a seguir.

Tabela 3.1 – Tabela de prioridade de descarga de íons em eletrólise

Prioridade de descarga		
Menor prioridade	Íons da água	Maior prioridade
Cátions		*Cátions*
Metais alcalinos e alcalino-terrosos, Al^{3+}	H^+	Demais *cátions*
Ânions		*Ânions*
Oxigenados e fluoreto (F^-)	OH^-	Não oxigenados em geral

Quantitativamente, as leis de Faraday aplicadas à eletrólise nos mostram que, de acordo com a quantidade de eletricidade que será utilizada, haverá a produção de uma determina quantidade de substância de maneira proporcional.

Exemplificando

Na eletrólise ígnea do NaCl (Figura 3.2), estão envolvidos os íons Na^+, que serão descarregados no polo negativo (cátodo), e os íons Cl^-, que serão descarregados no polo positivo (ânodo), de acordo com as seguintes reações:

Equação 3.1

$Na^+ + 1$ elétron $\to Na_{(s)}$

Equação 3.2

$2Cl^- \to 2$ elétrons $+ Cl_{2(g)}$

Percebemos que, na utilização de um mol de elétrons, será formado um mol de sódio metálico (sólido) que pode ser pesado e corresponde em massa a 22,99 g. Proporcionalmente, se uma amostra apresenta 1,5 mols de íons sódio, serão necessários 1,5 mols de elétrons gerando uma massa de sódio metálico de 34,59 g. No caso da reação envolvendo o cloro, a possibilidade de descarga dos seus íons envolve a formação da espécie $Cl_{2(g)}$, ou seja, são necessários 2 mols de íons cloreto (Cl^-) e, sabendo que para todos os íons cloreto é necessária a remoção de um mol de elétrons, ao total serão 2 mols de elétrons removidos, que vão gerar 71 g de gás cloro (Cl_2).

Figura 3.2 – Representação esquemática da eletrólise ígnea de NaCl

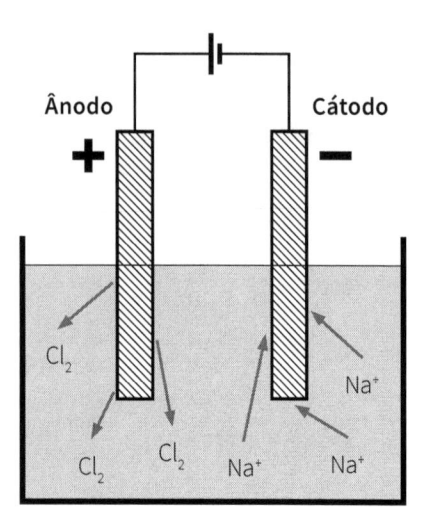

3.1.4 Titulação gravimétrica

A titulação gravimétrica assemelha-se à titulação volumétrica (Capítulo 4). Contudo, no primeiro caso, em vez da determinação de volume, são encontrados valores de massa. Portanto, no lugar de uma bureta com marcações de volumes, há uma balança que apresenta um sistema de dosagem de massa.

A concentração calculada pela titulação gravimétrica, geralmente, é expressa em concentração molar em massa em quilograma (*Mp*). Por exemplo: uma solução de KNO_3 1 mol/kg possui 1 mol desse sal em 1 kg da solução. Os resultados também podem ser expressos em mmol/g. Calculamos a concentração molar em massa (*Cm*) da seguinte maneira:

Equação 3.3

$$Cm = \frac{n. \text{ de mol (ou mmol) do analito A}}{n \cdot kg \text{ (ou g) da solução}}$$

Algumas vantagens da titulação gravimétrica podem ser apontadas com relação à titulação volumétrica, por exemplo: as variações de temperatura não afetarão os resultados; medidas de volume, geralmente, apresentam precisão e exatidão menor quando comparadas com medidas de peso; o potencial de automatização de titulações gravimétricas é muito maior que as volumétricas.

3.2 Cálculos

Para compreendermos os cálculos envolvidos em gravimetria, analisaremos uma sequência de exemplos com o objetivo de explorar situações próximas às observadas em rotinas de laboratórios.

Primeiramente, analisaremos cálculos básicos de porcentagem, considerando, de início, a massa molar de compostos. Por exemplo: podemos utilizar a relação estequiométrica, como expressam as Equações 3.4 e Equação 3.5, e massas molares para determinar o percentual teórico de ferro (Fe) em FeO (1), Fe_3O_4 (2), por meio dos seguintes cálculos:

Equação 3.4

FeO → Fe^{2+} + O^{2-}

MM = 71,844   MM = 55,845   MM = 15,999

FeO ---------- 71,844 ------ 100%

Fe^{2+} ---------- 55,845 ------- X%

X = 77,7% de ferro em FeO (1)

Equação 3.5

Fe_2O_4 → $2Fe^{3+}$ + $3O^{2-}$

MM = 159,69   MM = 2 · 55,845   MM = 3 · 15,999

Fe_2O_3 ----------------- 159,69 ----------------- 100%

$2Fe^{3+}$ ----------------- 2 · 55,845 ------------- X%

X = 69,9% de ferro em Fe_2O_3 (2)

Em outra situação, uma amostra de um mineral pesando 500,00 mg foi dissolvida em uma mistura ácida (HCl e HNO_3). Em seguida, para analisar o teor de ferro nesse mineral, foi adicionado excesso de solução concentrada de NH_4OH, formando $Fe(OH)_3$ sólido; após digestão, filtragem e lavagem, o precipitado foi calcinado em forno mufla por 30 minutos a 1000 °C, gerando Fe_2O_3. Após resfriar em dessecador, o produto da calcinação pesou 200,00 mg.

Como poderíamos calcular o percentual de ferro no mineral? Devemos fazer uma relação entre a massa molar (*MM*) do composto formado com a *MM* do ferro e calcular, por regra de três, qual a quantidade de massa unicamente de ferro presente na massa total do composto que foi medida:

Equação 3.6

$Fe_2O_3 \rightarrow 2Fe^{3+}$

MM = 159,69   MM = 2 · 55,845

massa medida = 200,00 mg ----------------- massa de Fe = X

X = 139,88 mg de Fe

Esse resultado significa que, em 500,00 mg do mineral, 139,69 mg é de ferro. Esse resultado, frequentemente, é expresso em porcentagem; dessa forma, uma nova regra de três é necessária, admitindo que a massa do minério como 100% e a massa do analito (ferro) como X, temos:

500,00 ----------------- 100%

139,69 ------------------ X%

X = 27,9% de ferro no mineral

Além da determinação do teor de um analito em uma amostra, é possível utilizar a gravimetria para determinar a pureza de certo reagente. Por exemplo: sabendo que uma amostra de KBr estava impura, separamos 523,1 mg dessa amostra, que foi tratada com um excesso de $AgNO_3$, o produto dessa reação foi 814,5 mg de AgBr, um sal pouco solúvel. Com base nesses dados, é possível determinar a pureza do KBr em questão. Nessa situação, calculamos a quantidade apenas de KBr na amostra pela relação entre massa molar e massa entre o produto AgBr e o reagente KBr, ou seja:

Equação 3.7

$$AgNO_{3(aq)} + KBr_{(aq)} \rightarrow AgBr_{(s)} + KNO_{3(aq)}$$

MM = 119,00 MM = 187,77

massa de KBr = X ---------------- massa medida = 814 mg

X = 516,2 mg de KBr na amostra impura

Calculando a pureza percentual, temos:

massa de KBr impuro = 523,1 mg ---------------- 100%

massa de KBr = 516,2 mg ------------------------- X%

X = 98,7%

Como você conferiu, a amostra de KBr apresenta 98,7% de pureza.

Abordamos, no início do capítulo, que, para analisarmos um componente volátil por gravimetria, temos duas opções, o método direto e o indireto. Vamos a um exemplo para analisar, primeiramente, o método indireto: para determinar o teor percentual de água em madeira, selecionamos uma amostra e a trituramos. Em um cadinho de porcelana de peso 14,0987 g, foram pesados 2,3895 g dessa amostra. Em seguida, o cadinho contendo a amostra foi aquecido em estufa (105 °C), permanecendo lá por 1 h e, então, realizou-se a primeira pesagem, igual a 16,4798 g. Em seguida, após 2 h, o cadinho contendo a amostra foi pesado novamente e indicou uma massa de 16,4674 g; em seguida, foram verificadas mais três novas pesagens em 4 h, 6 h e 8 h, cujo peso permaneceu constante nas três e igual a 15,7574 g. Podemos determinar o teor de água nas duas primeiras pesagens e o teor total de água pelo peso constante das últimas três pesagens, considerando a diferença de massa perdida como X% e a massa inicial da amostra como 100%. Entretanto, é importante subtrair o valor da massa do cadinho, como expresso pela Equação 3.8, ou seja, após 1 h de aquecimento, temos:

Equação 3.8

$Massa_{(amostra\ seca)} = Massa_{(cadinho\ +\ amostra\ seca)} - Massa_{(cadinho)}$

$Massa_{(amostra\ seca)} = 16,4798 - 14,0987$

$Massa_{(amostra\ seca)} = 2,3811$ g

Em seguida, calculamos o valor de massa perdido pela Equação 3.9:

Equação 3.9

Teor de água = massa inicial da amostra − massa de amostra seca

Para 1 h de aquecimento, temos:

Teor de água = 2,3895 − 2,3811

Teor de água = 0,0084 g

Transformado em percentual:

2,3895 ---------------- 100%

0,0084 ---------------- X%

X = 0,350%

Portanto, 0,350% de água foram liberados em 1 h de aquecimento da amostra de madeira triturada. O teor de água, após 2 h de aquecimento, e o teor total de água, após massa constante dos aquecimentos em 4 h, 6 h, e 8 h, podem ser calculados de maneira similar, obtendo os seguintes valores, respectivamente: 0,870% e 30,6% de água.

Importante!

Embora mais fácil e rápido, o método indireto determina não apenas água ou outro analito de interesse, mas também todos os componentes voláteis, o que, consequentemente, embute erros no método. Já no método direto, esse tipo de erro é menos suscetível, uma vez que são escolhidos sólidos adsorventes mais específicos para o analito.

Por exemplo: na determinação do teor de carbonato de cálcio ($CaCO_3$) em cascas de ovos, 5 g de amostra são colocados em um recipiente fechado, contendo ácido sulfúrico (H_2SO_4) e fluxo de gás nitrogênio. O ácido vai decompor o $CaCO_3$ liberando gás carbônico (CO_2) e, pelo aquecimento, consequentemente, vapor de água. A mistura contendo esses dois voláteis, primeiramente, passa por outro compartimento em forma de U, contendo algum agente dessecando, por exemplo, sulfato de cálcio ($CaSO_4$).

Nesse compartimento, a água será retida e o CO_2 passa para outro compartimento, onde será retido um agente adsorvendo, formado por hidróxido de sódio (NaOH) adsorvido na superfície de algum silicato não fibroso.

Sabendo que o agente adsorvente, inicialmente, pesava 10,120 g e, após a retenção de CO_2, passou a pesar 12,276 g, como podemos determinar o teor de $CaCO_3$ na casca de ovos?

Primeiramente, é preciso determinar a massa de CO_2 (mCO_2) produzido, subtraindo o valor final da massa final do agente adsorvendo de CO_2 pela massa final, como vemos a seguir:

mCO_2 = 12,276 − 10,120

mCO_2 = 2,156 g

Em seguida, conhecendo a reação envolvida entre $CaCO_3$ e H_2SO_4, e a relação de massas molares (Equação 3.10), é possível determinar a massa correspondente de $CaCO_3$ por regra de três:

Equação 3.10

$CaCO_3 + H_2SO_4 \rightarrow CaSO_4 + H_2O + CO_2$

MM = 100 ----------------- MM = 44,0

m = X ---------------------- m = 2,156 g

m = 4,900 g

Se a amostra original tem 5 g, então:

5 g ----------------- 100%

4,9 g --------------- X%

X = 98%

Portanto, 98% da casca de ovos é composta por $CaCO_3$.

Como expusemos no início do capítulo, é possível associar a gravimetria com uma corrente elétrica. Imagine, por exemplo, que, em uma indústria, temos 200 L de solução aquosa de sulfato de cobre ($CuSO_4$), de concentração desconhecida, que não será mais utilizada e desejamos recuperar o cobre na sua forma metálica (Cu) e preparar uma solução de ácido sulfúrico (H_2SO_4), que será utilizada em um processo dentro da indústria. O processo necessário baseia-se na eletrólise e, de acordo com a ordem de prioridade de descarga, como você conferiu na Tabela 3.1, teremos as seguintes reações, expressas pelas Equações 3.11 e 3.12:

Equação 3.11

Composição iônica da solução = $Cu^{2+} + SO_4^{2-} = OH^- + H^+$

$Cu^{2+}_{(aq)} + 2$ elétrons $\rightarrow Cu_{(s)}$

Equação 3.12

$2OH^-_{(aq)} - 2$ elétrons $\rightarrow H_2O_{(l)} + \dfrac{1}{2}O_{2(g)}$

Como a passagem de uma corrente elétrica continua, os cátions Cu^{2+} migrarão para o cátodo e reduzirão, recebendo dois elétrons, passando para cobre metálico. Os ânions OH^- migrarão para o ânodo e oxidarão, perdendo um elétron para cada ânion, formando água e gás oxigênio.

Como a concentração não é conhecida, o fim da reação vai acontecer utilizando o gás oxigênio como indicador. No ânodo, serão formadas bolhas de gás oxigênio, que, posteriormente, vão se desprender da solução, quando não há mais a formação dessas bolhas.

Admitindo que 1.000 g de cobre metálico foram formados ao fim do processo, como poderíamos determinar a concentração inicial de cobre ($C_{cu^{2+}}$)? Como todos os íons cobre produzem um átomo de cobre metálico, basta dividirmos o valor da massa encontrada (*m*) pelo produto da massa molar (*MM*) e o volume da solução (*L*), como está expresso na Equação 3.13.

Equação 3.13

$$C_{cu^{2+}} = \frac{m(g)}{MM\left(\frac{g}{mol}\right) \cdot V(L)}$$

$$C_{cu^{2+}} = \frac{1000}{63{,}546 \cdot 200}$$

$$C_{cu^{2+}} = 0{,}0787 \text{ mol/L}$$

Portanto, a concentração inicial de cobre era de 0,0787 mol/L. Pela relação estequiométrica, é possível determinar, por exemplo, a concentração do sal:

Equação 3.14

$$CuSO_{4(aq)} \rightarrow Cu^{2+}_{(aq)} + SO^{2-}_{4(aq)}$$

1 mol ---------------- 1 mol ---------------- 1 mol

Se um mol de sulfato de cobre gera um mol de íons cobre, então, em um litro, temos:

1 mol ---------------- 1 mol

X mol ---------------- 0,0787 mols

X = 0,0787 mols em 1 L = 0,0787 mol/L

No caso da titulação gravimétrica, consideremos este exemplo: sabendo que a concentração molar em massa de ácido clorídrico (HCl), após a titulação com hidróxido de sódio (NaOH) padronizado, foi de 1 mol/kg. Para sabermos, por exemplo, o número de mols de HCl em 3,5 kg de solução, basta utilizarmos a seguinte fórmula:

Equação 3.15

$$Cm = \frac{n.\ de\ mol\ de\ HCl}{n.\ kg\ (ou\ g)\ da\ solução}$$

$$1 = \frac{n.\ de\ mol\ de\ HCl}{3,5}$$

n. de mol de HCl = 3,5 mols

3.3 Variáveis da análise

Como a resposta medida em gravimetria é a massa do precipitado, as principais variáveis estão envolvidas com a formação do sólido formado, principalmente, com relação ao tamanho de partícula e à coprecipitação. Os principais fatores que influenciam na formação e no tamanho do precipitado são:

- solubilidade;
- temperatura;
- concentração dos reagentes;
- velocidade de adição dos reagentes.

A **solubilidade** do material formado deve ser mínima, para que não sejam observadas perdas apreciáveis, principalmente, no processo de filtração. Portanto, a quantidade de analito que permanecer solúvel não deve exceder ao peso mínimo que uma balança analítica comum é capaz de medir, isto é, normalmente, 0,1 mg. Valores de solubilidade e produto de solubilidade (*Kps*) podem ser obtidos na literatura para compostos convencionais, como observamos na Tabela 3.2, todavia são valores fortemente influenciados pela temperatura. De modo geral, **a solubilidade dos materiais aumenta com o aumento da temperatura**, esse é um importante fator que deve ser considerado em análises rotineiras.

Tabela 3.2 – Produto de solubilidade (*Kps*) de alguns compostos de química

Composto	Fórmula química	Produto de solubilidade (*Kps*)
Hidróxido de alumínio	$Al(OH)_3$	$3 \cdot 10^{-34}$
Sulfato de bário	$BaSO_4$	$1,1 \cdot 10^{-10}$
Hidróxido de bário	$Ba(OH)_2 \cdot 8H_2O$	$3 \cdot 10^{-4}$
Carbonato de cálcio (Calcita)	$CaCO_3$	$4,5 \cdot 10^{-9}$
Sulfato de cálcio	$CaSO_4$	$2,4 \cdot 10^{-5}$
Sulfato de chumbo	$PbSO_4$	$1,6 \cdot 10^{-8}$
Sulfeto de chumbo	PbS	$3 \cdot 10^{-28}$

Fonte: Skoog et al., 1992, p. 965.

Perceba que diferentes agentes precipitantes podem produzir compostos com o mesmo metal com produtos de solubilidade muito diferentes.

Exemplificando

Sulfato (SO_4^{2-}) ligado ao chumbo (Pb^{2+}) forma um composto bem mais solúvel do que quando o agente precipitante é o íon sulfeto (S^{2-}). Agora, analisando o mesmo agente precipitante, por exemplo, o íon hidróxido (OH^-), mas com dois metais diferentes, como o Al^{3+} e o Ba^{2+}, percebemos que o composto formado com o bário é muito mais solúvel do que com o alumínio.

Experimentalmente, vem se observando que soluções muito concentradas de reagentes produzem regiões de supersaturação que influenciam, negativamente, no tamanho de partícula, ou seja, **quanto maior a supersaturação menor será o tamanho de partícula**, o que não é desejável em análise gravimétrica.

Outro fator que também está atrelado ao grau de supersaturação e, portanto, ao tamanho de partícula, é a **velocidade de adição dos reagentes**: quando os reagentes são adicionados lentamente, o efeito de superação diminui e influencia fortemente o processo de nucleação e crescimento da partícula.

Importante!

A nucleação é o processo de formação de uma pequena partícula sólida por meio de um agrupamento pequeno de átomos. Em seguida, há uma competição entre formar novas partículas por nucleação e o crescimento da partícula já formada. Quando os reagentes são adicionados lentamente, a supersaturação diminui e o processo de crescimento de partícula é favorecido em relação à nucleação, o que, consequentemente, favorece o aumento do tamanho de partícula, facilitando a filtração do precipitado.

O tamanho do precipitado, preferencialmente, deve ser o maior possível; no entanto, isso nem sempre é possível. Em alguns casos, há a formação de precipitados entre 10^{-7} e 10^{-4} cm de diâmetro, partículas que são chamadas *suspensões coloidais* e não são retidas no filtro, gerando erros na medida. Para resolver isso, as suspensões coloidais devem ser coaguladas, gerando um material possível de ser filtrado.

A formação de suspensões coloidais se dá, principalmente, por uma camada de acúmulo de carga positiva, ou negativa, na superfície da partícula, formando uma dupla camada elétrica pelo balanceamento de cargas de uma camada do contraíon presente em solução. Na aproximação de duas partículas, a dupla camada elétrica exerce uma força repulsiva, impedindo que elas se aproximem e se agreguem.

Exemplificando

Para formação de $AgCl_{(s)}$ por meio de uma solução contendo íons cloreto, é feita a adição gradativa de nitrato de prata ($AgNO_3$), como expressa a Equação 3.16 – inicia-se o processo de nucleação e crescimento das partículas e, como ainda há excesso de íons cloreto no início, a partícula está negativamente carregada. No entanto, a carga superficial da partícula se inverte quando todos os íons cloreto são consumidos e é gerado um excesso de íons prata. Essa camada eletricamente positiva é, então, compensada por ânions presentes na solução (por exemplo, nitrato), estabilizando a partícula, como representado na Figura 3.3. Esse mecanismo de estabilização é bastante explorado na produção de nanocompostos em que se tenha o interesse de manter as partículas em escala nanométrica. Ressaltamos que, quando a reação ocorre de maneira estequiométrica, praticamente, não há geração de carga superficial.

Equação 3.16

$$AgNO_{3(aq)} + NaCl_{(aq)} \rightarrow AgCl_{(s)} + NaNO_{3(aq)}$$

Figura 3.3 – Representação da dupla camada dielétrica de nanopartículas

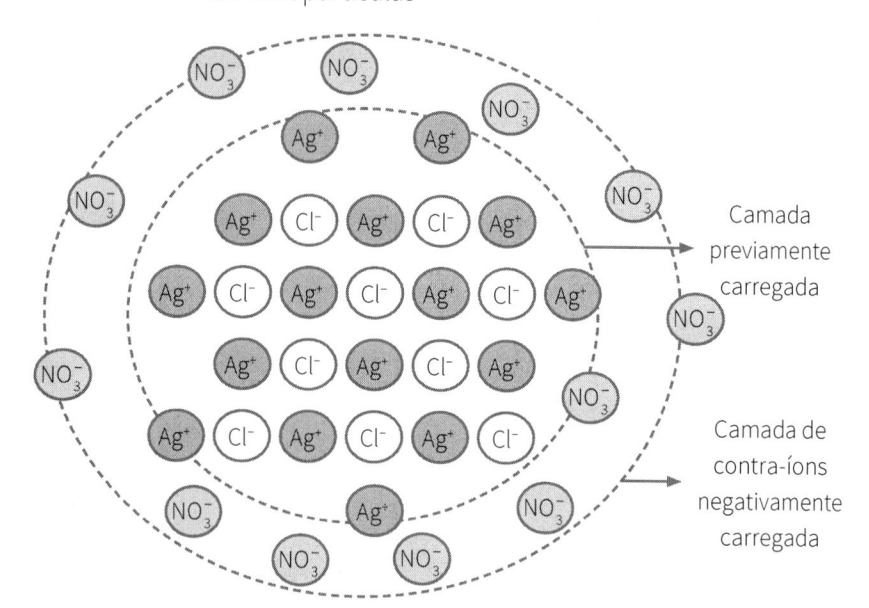

Para desestabilizar as suspensões coloidais, utilizamos **aquecimento, agitação e, ainda, adição de um eletrólito na suspensão**. O aumento da temperatura, acompanhado de agitação, normalmente influencia na diminuição da distância entre as duplas camadas elétricas entre as partículas, ou seja, aproximando mais as partículas. Outro efeito da temperatura é o fornecimento de energia que aumentará a energia cinética das partículas, possibilitando que o efeito repulsivo entre elas, imposto pela dupla camada elétrica, seja ultrapassado e, com isso, possibilite a formação de agregados de partículas com dimensões bem maiores. Esse é um mecanismo observado, por exemplo, durante a etapa de digestão do precipitado.

Outra forma de desestabilizar os coloides é pela **adição de um eletrólito no meio que vai aumentar a concentração de espécies iônicas**. O crescimento da concentração iônica afetará a estabilidade da dupla camada elétrica, possibilitando que as partículas se aproximem mais umas das outras e, com isso, possam se agregar e formar partículas maiores para decantar.

Contudo, mesmo após a coagulação do precipitado, uma etapa subsequente é a lavagem, quando pode ocorrer um processo indesejado: a **peptização**. Na peptização do coloide, voltamos a criar condições propícias para restabelecer a estabilidade da suspensão coloidal e a solução da lavagem se torna turva, apresentando o analito precipitado na forma coloidal, como ilustra a Figura 3.4. Para resolvermos esse problema, utilizamos uma solução para a lavagem contendo um eletrólito volátil (HNO_3, por exemplo) – isso impedirá que a suspensão coloidal volte a se formar. Contudo, o precipitado ficará contaminado pelo eletrólito e, por esse motivo, é necessário que ele seja altamente volátil, pois basta aquecer o precipitado lavado para que o eletrólito se desprenda, deixando o composto puro.

Figura 3.4 – Representação esquemática dos processos de coagulação e peptização

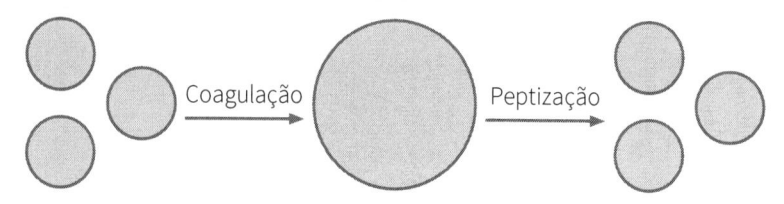

Todavia, mesmo que o precipitado apresente características gerais desejáveis em termos de tamanho de partícula, pode ocorrer outra interferência importante: a **coprecipitação**. Nesse processo, outros compostos solúveis, presentes na solução da amostra, são removidos da solução durante a precipitação do analito de interesse. Esse fenômeno pode acontecer por:

- formação de cristal misto;
- adsorção superficial;
- aprisionamento mecânico;
- oclusão.

A formação de cristal misto se dá quando outros íons presentes na solução da amostra ocupam o lugar do analito de interesse. Normalmente, isso ocorre de modo isomórfico, ou seja, sem que haja mudanças na estrutura cristalina do cristal, se este estivesse livre do íon contaminante. Além disso, é preciso que ele tenha a mesma carga e tamanho relativamente parecidos com do analito (<5%). Um exemplo disso é a presença de cátion potássio (K^+) dentro da estrutura de estruvita ($NH_4MgPO_4 \cdot 6H_2O$): o cátion potássio ocupa o lugar do cátion amônio (NH_4^+) gerando estruvita de potássio ($KMgPO_4 \cdot 6H_2O$) dentro do cristal.

Importante!

É muito difícil remover os íons contaminantes depois do precipitado formado; porém, alternativamente, é recomendado realizar ensaios de separação do íon potencialmente contaminante ou mesmo escolher um método que utilize um agente precipitante diferente, que não viabilize a contaminação.

A coprecipitação por adsorção superficial ocorre mais frequentemente em suspensões coloidais que apresentam alta área superficial.

Exemplificando

No caso do coloide formado por cloreto de prata, anteriormente demonstrado, mesmo depois da coagulação, parte dos íons prata que estava em excesso e adsorvidos na superfície da partícula e parte dos contraíons nitrato que formavam a dupla camada elétrica são coprecipitados junto. Isso significa que compostos originalmente solúveis – como é o caso do $AgNO_3$ – são arrastados junto com compostos insolúveis – como o $AgCl$ –, originando uma contaminação superficial que influenciará os valores de massa obtidos.

Para minimizar isso, é possível utilizar o mesmo processo descrito para a lavagem de coloides coagulados com eletrólitos voláteis. No entanto, é importante utilizar eletrólitos que tenham maior atração com a superfície do que os contraíons presentes.

Exemplificando

Quando desejamos determinar prata pela adição de íons cloreto, o sólido formado será AgCl, com contaminação, primeiramente, de íons cloreto, adsorvidos após o ponto de equivalência estequiométrico. Para eliminar o excesso de íons cloreto adsorvidos, é preferível que o precipitado seja lavado com uma solução ácida, assim, garantimos que o contraíon também adsorvido seja o hidrogênio (H^+), portanto o precipitado terá íons contaminantes adsorvidos que satisfazem a formação de HCl, um eletrólito volátil.

Outro processo que reduz o efeito desse tipo de coprecipitação é a **digestão**, que atua diretamente na redução da área superficial das partículas, diminuindo consideravelmente o efeito citado.

O aprisionamento mecânico e a oclusão são marcados, principalmente, por velocidades elevadas de adição dos reagentes, que tendem a gerar pontos de supersaturação na solução. No caso do aprisionamento mecânico, os cristais crescem rapidamente e, estando próximos uns dos outros, encontram-se no crescimento, gerando, por vezes, pequenas câmeras de aprisionamento da solução contendo íons estranhos ao composto de interesse para determinação do analito.

No caso da oclusão, o rápido crescimento do cristal acaba obstruindo íons que estavam presentes na camada do contraíon, inicialmente, na superfície da partícula. Percebemos que a oclusão é maior no interior das partículas, ou em partículas que foram precipitadas primeiro, isso porque a supersaturação e velocidade de formação da partícula, normalmente, diminuem ao longo da reação de precipitação. Esse tipo de coprecipitação é, preferencialmente, corrigida pela digestão, em que o processo de dissolução e reprecipitação liberam as impurezas oriundas do aprisionamento ou da oclusão.

3.4 Outras variáveis

Além das variáveis apresentadas, existem outras que igualmente podem interferir na análise gravimétrica:

- composição do solvente;
- íons comuns;
- reações paralelas;
- pH;
- formação de complexos.

Solventes que apresentam alta constante dielétrica atraem fortemente os ânions que compõem a partícula sólida.

Exemplificando

No caso da água a atração dos íons com a água é mais forte do que a atração entre os íons de cargas opostas, o que certamente resultará em certo grau de solubilização. Para resolver esse problema é possível utilizar outros tipos de solventes ou mesmo mistura de solventes com menor capacidade de atração dos íons do cristal, ou seja, com menor constante dielétrica. Assim, a solubilidade e o produto de solubilidade (Kps) diminuem.

Analisando o princípio de Le Chatelier, que diz "Quando se aplica uma força em um sistema em equilíbrio, ele tende a se reajustar procurando diminuir os efeitos dessa força", e aplicando esse princípio em análise gravimétrica, temos que a solubilização de um sal sólido envolve a formação dos seus íons que passam para a solução, como mostra a Equação 3.17:

Equação 3.17

$$AB \rightleftharpoons A^+ + B^-$$

Se esse sistema está em equilíbrio em água, a velocidade de dissociação formando íons será igual à velocidade de formação do composto sólido AB, o que dependerá obviamente do Kps de cada composto. No entanto, se esse sistema estiver inserido em uma solução de B^-, haverá uma quantidade a mais de produto (B^-), o que perturbará a situação de equilíbrio na região dos produtos, portanto o sistema se reajustará no sentido de formar reagente (AB), minimizando o efeito que provocou a perturbação.

Exemplificando

Considerando o sal $BaSO_4$ em água (Equação 3.18) e seu $Kps = 1,1 \cdot 10^{-10}$, podemos calcular a solubilidade (S) do bário como expresso na Equação 3.19. Acompanhe:

Equação 3.18

$$1BaSO_{4(s)} \rightleftharpoons 1Ba^{2+}_{(aq)} + 1SO^{2-}_{4(aq)}$$

Equação 3.19

$$Kps = Kps = [Ba^{2+}]^1 \cdot [SO_4^{2-}]^1$$

$$1,1 \cdot 10^{-10} = S \cdot S$$

$$1,1 \cdot 10^{-10} = S^2$$

$$\sqrt{1,1 \cdot 10^{-10}} = S$$

$$S = 1,05 \cdot 10^{-5}$$

Agora, considere que o $BaSO_4$ se encontra em uma solução de Na_2SO_4 0,1 mol/L. Nesse caso, há quantidade a mais de íons sulfato que, de acordo com a reação de dissociação do $BaSO_4$, faz parte da composição dos produtos. Portanto, o equilíbrio será deslocado no sentido de consumir essa quantidade a mais de produto formando reagente que, nesse caso, é o precipitado, e a solubilidade do bário vai diminuir, pois agora é preciso considerar a quantidade de íons sulfato já presentes na solução, recalculando a solubilidade temos que:

$$Kps = [Ba^{2+}]^1 \cdot [SO_4^{2-}]^1$$

$$1,1 \cdot 10^{-10} = S \cdot (S + 0,1)$$

Como $S + 0,1$ é igual a 0,100011, a solubilidade de SO_4^{2-} pode ser aproximada para $S \cong 0,1$, facilitando o cálculo:

$$1{,}1 \cdot 10^{-10} = S \cdot 0{,}1$$

$$\frac{1{,}1 \cdot 10^{-10}}{0{,}1} S$$

$$S = 1{,}1 \cdot 10^{-9}$$

Assim, numericamente, fica comprovado que a solubilidade de $BaSO_4$ diminui na presença de um íon comum à reação de equilíbrio, nesse caso, o SO_4^{2-}.

Outro efeito que pode ser observado em gravimetria é a possibilidade de reações paralelas, que pode ocorrer porque, na solução "mãe" em que está inserido o precipitado, há outros íons que, em muitos casos, incluem os da autoionização da água (H^+ e OH^-). A presença de outras espécies iônica pode influenciar a ocorrência de outras reações paralelas, de menor ou maior grau, podendo formar outros produtos de reação que não seja o precipitado desejado. Consequentemente, isso afetará o equilíbrio químico estabelecido no sentido de alterar a solubilidade do precipitado.

Para você entender melhor esse efeito, podemos utilizar os outros dois efeitos que também influenciam na análise gravimétrica e são baseados no efeito de reações paralelas: o efeito do pH e a formação de complexos.

O pH do meio é uma variável muito importante que influencia a maioria das formações e da solubilidade de precipitados. Isso porque está associado à concentração de íons H^+ e OH^- na solução.

Exemplificando

Analisando a reação de equilíbrio de dissociação do hidróxido de ferro III ($Fe(OH)_3$), como expresso na Equação 3.20:

Equação 3.20

$$Fe(OH)_{3(s)} \rightleftharpoons Fe^{3+}_{(aq)} + 3OH^{-}_{(aq)}$$

Temos, como produtos íons, Fe^{3+} e OH^-. Portanto, se o pH do meio estiver ácido, ou seja, com maior concentração de íons H^+, a seguinte reação paralela irá acontecer:

Equação 3.21

$$OH^{-}_{(aq)} + H^{+}_{(aq)} \rightleftharpoons H_2O_{(l)}$$

Isso significa que removeremos íons OH^- do equilíbrio de dissociação do $Fe(OH)_3$ e, de acordo com o princípio de Le Châtelier – segundo o qual "Se for imposta uma alteração, de concentrações, de temperatura ou de pressão, a um sistema químico em equilíbrio, a composição do sistema deslocar-se-á no sentido de contrariar a alteração a que foi sujeita" (Canzian, 2011) – o novo equilíbrio será deslocado no sentido de formar mais quantidade de OH^- que foi removido; portanto, a solubilidade do precipitado aumentará.

Ainda explorando o princípio de Le Châtelier, outros tipos de reações paralelas podem ocorrer, como é o caso da formação de complexos. Nesse caso, observamos duas situações:

a primeira envolve a formação de complexos em razão de reações paralelas com agentes precipitantes diferentes do que forma o precipitado; a segunda, quando há um excesso de agente precipitante utilizado.

Exemplificando

A precipitação de íons Ag^+ pode ocorrer com o agente precipitante Cl^-, formando um composto sólido de baixa solubilidade. No entanto, se, na solução do precipitado, existir amônia livre (NH_3), ela pode reagir com AgCl, gerando um complexo de mais solubilidade ($[AgNH_3]^+$), estimamos que a solubilidade de AgCl aumente cerca de 10^4 vezes quando em solução amoniacal.

A formação de complexos solúveis também é observada quando há excesso de agente precipitante. É importante ressaltarmos que esse efeito tem estreita ligação com o efeito do íon comum, pois, até certa concentração, o efeito do íon comum é predominante e, assim, diminui a solubilidade, mas, à medida que aumentamos a concentração do agente precipitante (íon comum), a formação de complexos solúveis se torna predominante, aumentando a solubilidade do precipitado.

3.5 Aula prática 1: análise de água

A classificação da qualidade da água varia de acordo com a destinação e o uso, ou seja, um padrão de potabilidade de água para consumo humano é diferente do padrão para água de recreação (piscinas, por exemplo), entre outras situações. Os teores, parâmetros e quantidades máximas de impurezas aceitáveis na água são valores estabelecidos por entidades públicas, de acordo com uma série de pesquisas envolvendo impactos à saúde humana e aspectos ambientais.

Na determinação da qualidade de uma amostra de água, são utilizados diversos parâmetros que estão incluídos e agrupados de acordo com características biológicas, físicas e químicas.

Os parâmetros biológicos incluem, principalmente, a presença de coliformes, que sinalizam a presença de microrganismos patógenos na água. No caso da presença de algas, se seu crescimento está em equilíbrio, elas são responsáveis pelo fornecimento de oxigênio dissolvido, todavia, se o crescimento for desproporcional, poderá comprometer o corpo aquático, influenciando no processo de eutrofização.

Importante!

Os principais parâmetros físicos são:

- **Temperatura**: influencia diretamente a densidade, viscosidade e oxigênio dissolvido na água; este último é um importante fator limitante da vida aquática.

- **Cor, sabor e odor**: a água pura não deve apresentar nenhum deles; quando apresenta, tais fatores podem ser oriundos, por exemplo, de decomposição de espécies orgânicas ou mesmo do despejo de esgotos domésticos e industriais. No caso da cor, o padrão de potabilidade determina intensidade inferior a 5 unidades e ela pode ser influenciada também pela presença de compostos de ferro e manganês.
- **Turbidez**: está diretamente relacionada à presença de sólidos na água, que podem ser provenientes tanto de origem inorgânica, como argilas e silte, ou, ainda, orgânica, como restos de algas, microrganismos. O padrão de potabilidade quanto à turbidez é inferior a 1 unidade.
- **Condutividade elétrica**: está relacionada à presença de íons dissolvidos – quanto maior for a concentração, maior será o valor de condutividade elétrica.

Existe uma série de parâmetros químicos, sendo que o **pH** é um deles e pode ser influenciado, naturalmente, pela presença de íons, mas há também a possibilidade de alteração pela adição de resíduos. O padrão de pH recomendado está dentro da faixa de 6 a 9. A presença de sódio e cálcio reflete na alcalinidade da água, ou seja, quando em teores altos, torna a água muito básica, de sabor adstringente e imprópria. O cálcio, junto do magnésio, são elementos químicos relacionados com a **dureza** da água, outro parâmetro químico de qualidade. A classificação de dureza da água é expressa em miligramas de carbonato de cálcio por litro (mg/L ou ppm), como observamos na Tabela 3.3.

Tabela 3.3 – Classificação da dureza da água relacionada com a concentração

Classificação	Concentração (mg/L)
Água mole	< 50
Água com dureza moderada	50-150
Água dura	150-300
Água muito dura	> 300

O teor de cloretos é influenciado pela dissolução de minerais e afeta, principalmente, o sabor da água. Fluoretos, quando em concentração adequada, exercem função benéfica, por exemplo, atuando na prevenção de cáries, contudo, aumentando a concentração, podem afetar de modo negativo as estruturas de cálcio do nosso organismo.

Os teores de nitrogênio e fósforo podem ter origens naturais. No entanto, observamos a intensificação da participação da atividade humana na elevação dos teores desses elementos, que influenciam muito no processo de eutrofização de águas, e, como já citado, tornam a água imprópria e comprometem o equilíbrio biológico do ecossistema envolvido. Como já citamos nos parâmetros físicos, a presença de ferro e manganês em altas concentrações altera, drasticamente, a cor, sabor e aroma da água.

Há outros parâmetros igualmente importantes, como o teor de oxigênio dissolvido, de metais pesados e agrotóxicos, que são tão danosos para saúde, teor de matéria orgânica e demandas químicas e bioquímicas de oxigênio.

3.5.1 Objetivos gerais e específicos

Nesta demonstração de aula prática, o intuito é investigarmos alguns parâmetros de qualidade de uma amostra de água. Mais especificamente, parâmetros físicos, como condutividade elétrica, e parâmetros químicos, como pH e dureza.

3.5.2 Materiais e métodos

Como exemplo demonstrativo, podemos utilizar amostras de água que podem ser comerciais, de abastecimento urbano ou rural, ou ainda uma amostra de água recentemente deionizada. De acordo com os objetivos da prática, serão determinados: condutividade elétrica, pH e teor de ferro, que são importantes parâmetros de qualidade da água.

3.5.2.1 Determinação da condutividade elétrica

Para determinação da condutividade elétrica, utilizamos um condutivímetro previamente calibrado. Para realizar as medidas, primeiramente, são separados béqueres de 50 mL e etiquetados de acordo com a amostra de água que será adicionada. Em seguida, são adicionados 25 mL de cada uma das amostras de água, de acordo com a respectiva indicação de cada béquer. Então, o eletrodo do equipamento é mergulhado na solução garantindo que estará bem no centro, depois disso, basta anotar os valores de condutividade elétrica para comparação.

3.5.2.2 Determinação do pH

Para determinação do pH, podem ser utilizadas duas ferramentas diferentes, por exemplo. A primeira delas usando medidor de potencial hidrogeniônico (pH) e a segunda utilizando papel universal indicador de pH.

Os mesmos béqueres contendo as amostras de água utilizados na medição da condutividade podem ser aproveitados na determinação do pH. Sabendo que o eletrodo de vidro medidor de pH já havia sido calibrado anteriormente, basta limpar com água deionizada, secar suavemente com papel higiênico macio e colocar o eletrodo no meio na solução.

É importante não encostar o eletrodo nas paredes e no fundo, pois isso influenciará a medida e aumentará os riscos de quebrar o eletrodo, que é extremamente delicado. Após estabilizar, anotamos o valor de pH indicado no leitor.

Figura 3.5 – Fotos representativas de medidor de pH e papel universal medidor de pH

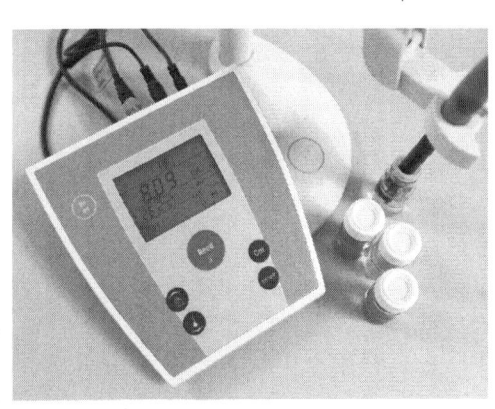

photong e Yaya Galerry/Shutterstock

No segundo método, utilizamos uma fita do papel universal indicador de pH, que é mergulhada completamente na solução, retirada. Após alguns instantes, as cores se estabilizam e, então, comparamos com a escala de cores presente na caixa contendo as fitas. Por fim, é possível comparar os valores obtidos pelos dois métodos diferentes, como vemos no Quadro 3.1:

Quadro 3.1 – Comparação de valor de pH medidos de duas formas diferentes.

Amostra	Eletrodo de vidro medidor de pH	Papel universal indicador de pH
1	4,51	Entre 4 e 5
2	5,8	Entre 5 e 6
3	6,3	Entre 6 e 7

3.5.2.3 Determinação do teor de ferro

Embora o ferro seja um elemento essencial para a vida, quando presente em níveis elevados em águas de abastecimento, inclusive para o consumo humano, ele pode levar a quadros de hemocromatose, no caso da ingestão em excesso pelo organismo humano ou, ainda, afetar, drasticamente, as propriedades organolépticas da água, como sabor, cor e aroma. Em águas naturais, que apresentam concentração adequada de oxigênio dissolvido, as concentrações desse elemento dificilmente passam de 1 mg/L, não representando nenhum problema à saúde humana, todavia, água subterrâneas e/ou contaminadas podem apresentar concentrações maiores. Há, portanto, clara dependência da presença de oxigênio dissolvido para formação de óxidos de ferro insolúveis, esse tipo de precipitado está na forma coloidal e pode ser, facilmente, peptizado pela presença de matéria orgânica na água.

    A determinação do teor de ferro em águas, sejam de abastecimento, sejam residuais, pode ser feita por gravimetria via precipitação por solução básica, seguida de calcinação. O processo consiste, basicamente, em transferir, quantitativamente, 10 mL da amostra de água para um béquer de 250 mL; em seguida, adicionamos água régia formada por uma mistura ácida concentrada de HCl e HNO_3 e, então, a solução é fervida por cerca de 1 minuto, o que garante que todo o ferro estará na forma iônica. Após resfriar a solução até cerca de 60 °C, adicionamos, em agitação constante, excesso de solução de hidróxido de amônio (NH_4OH 1:1). Como o precipitado tende a formar suspensão coloidal após a precipitação, ele é deixado em agitação com aquecimento para melhorar a pureza e cristalinidade dos cristais (processo de digestão). O precipitado é, então, filtrado e lavado com solução diluída de NH_4OH para evitar o processo de peptização.

Figura 3.6 – Fotos representativas das vidrarias e equipamentos básicos e aparato para filtragem, utilizadas nas etapas de precipitação, digestão, lavagem e filtragem

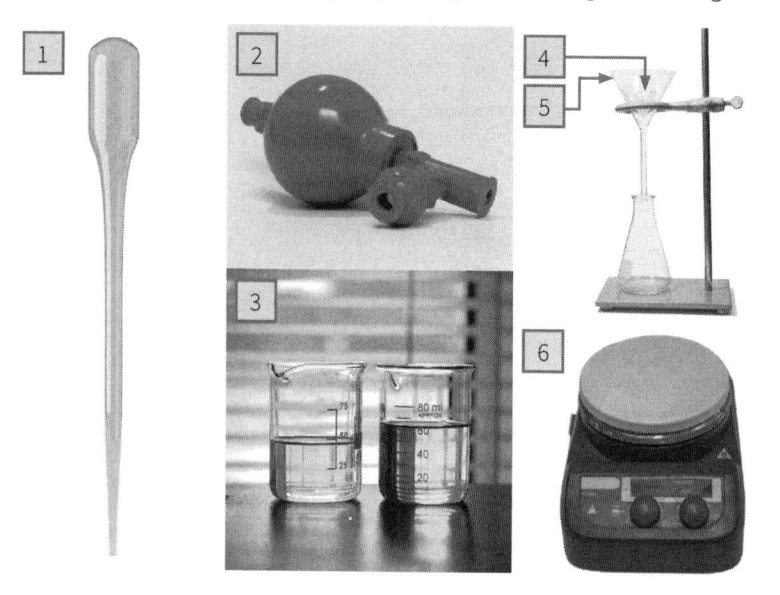

1 - pipeta. 2 - pipetador. 3 - béquer. 4 - filtro. 5 - funil. 6 - chapa de aquecimento.

Após filtração, ele é transferido para cadinho de porcelana, previamente pesado e calcinado em forno mufla a cerca de 30 °C a 1000 °C e, então, armazenado em dessecador para resfriar e ser pesado.

Figura 3.7 – Fotos representativas das vidrarias e equipamentos básicos utilizados na etapa de calcinação

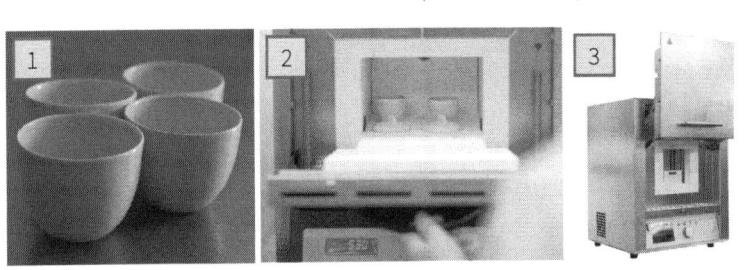

vfpictures, SUKJAI PHOTO e Surasak_Photo/Shutterstock

1 - cadinho. 2 e 3 - mufla.

Normalmente, realizamos todo esse processo em triplicata para garantir medidas mais confiáveis com obtenção de média e desvio-padrão da determinação. O Quadro 3.2, a seguir, mostra dados demonstrativos para cálculo do teor de ferro em uma amostra de água. Observe:

Quadro 3.2 – Dados para determinação do teor de ferro na amostra

Amostra	N. do cadinho	Massa do cadinho vazio (g)	Massa do cadinho com precipitado calcinado (g)	Massa do precipitado calcinado (g)	Teor de ferro na amostra (mg/L)
1	1	10	12	2	
2	2	11	12,8	1,8	
3	3	12	14,2	2,2	

Para determinação do teor de ferro, é preciso, primeiramente, conhecer as duas etapas de formação do produto final e intermediário, ou seja, formação do precipitado na forma de hidróxido de ferro hidratado (Equação 3.22) e, posteriormente, formação de óxido de ferro pela calcinação (Equação 3.23):

Equação 3.22

$$Fe^{3+}_{(aq)} + 3OH^-_{(aq)} \rightarrow Fe(OH)_3 \cdot nH_2O_{(s)}$$

Equação 3.23

$$2Fe(OH)_{3(s)} \overset{\Delta}{\rightarrow} 1Fe_2O_{3(s)} + 3H_2O_{(g)}$$

Portanto, o produto final é óxido de ferro (III). Note que ele tem relação estequiométrica de 1:2 com o hidróxido de ferro e que este, por sua vez, tem relação estequiométrica de 1:1. Agora, basta recorrermos a uma regra de três levando em consideração a massa pesada (*mp*) e as massas molares (*MM*), ou seja:

$$2Fe(OH)_{3(s)} \overset{\Delta}{\rightarrow} 1Fe_2O_{3(s)} + 3H_2O_{(g)}$$

2 · MM ---------------- 1 · MM

m1 -------------------- mp

$$1Fe^{3+}_{(aq)} + 3OH^-_{(aq)} \rightarrow 1Fe(OH)_{3(s)}$$

1 · MM ---------------- 1 · MM

m2 -------------------- m1

Para transformar massa de ferro na amostra (m_2) em teor de ferro em mg/L, basta dividirmos m_2 pelo volume da amostra e multiplicar por 1000, para transformar g em mg:

Equação 3.24

$$m_{2\left(\frac{mg}{L}\right)} = \frac{m_{2(g)}}{V(L)} \cdot 1000$$

Síntese

Neste capítulo, mostramos alguns dos métodos possíveis para a análise gravimétrica: a **gravimetria de precipitação, por evaporação, eletrogravimetria** e **titulação gravimétrica**. Esperamos que você tenha compreendido que, a escolha do método adequado dependerá da natureza da amostra e do analito, por isso é importante sempre buscar, na literatura, estudos que possam servir de base para aquilo que se deseja analisar. Cada método tem suas particularidades em torno dos cálculos e sempre com o objetivo de determinar a quantidade de analito presente em uma amostra, seja em concentração molar, seja porcentagem, ou outro procedimento.

Como abordamos neste capítulo, é importante reconhecer e, se possível, ter o controle sobre uma série de variáveis que podem afetar a análise gravimétrica: em primeiro lugar, o **tamanho da partícula** formada em um processo gravimétrico, preferivelmente, deve ser o maior possível; é preciso também evitar, ou corrigir, **coprecipitações** contendo analitos estranhos ao de interesse. Há também outras variáveis, como o tipo e composição do solvente, o pH, o efeito dos íons comuns e reações paralelas, principalmente, envolvendo complexos. Todas elas influenciam na **qualidade e solubilidade do precipitado** e, portanto, devem ser levadas em consideração em uma análise.

Para concluir, observe a Figura 3.8, que ilustra um esquema sobre o conteúdo deste capítulo:

Figura 3.8 – Representação esquemática da síntese do capítulo

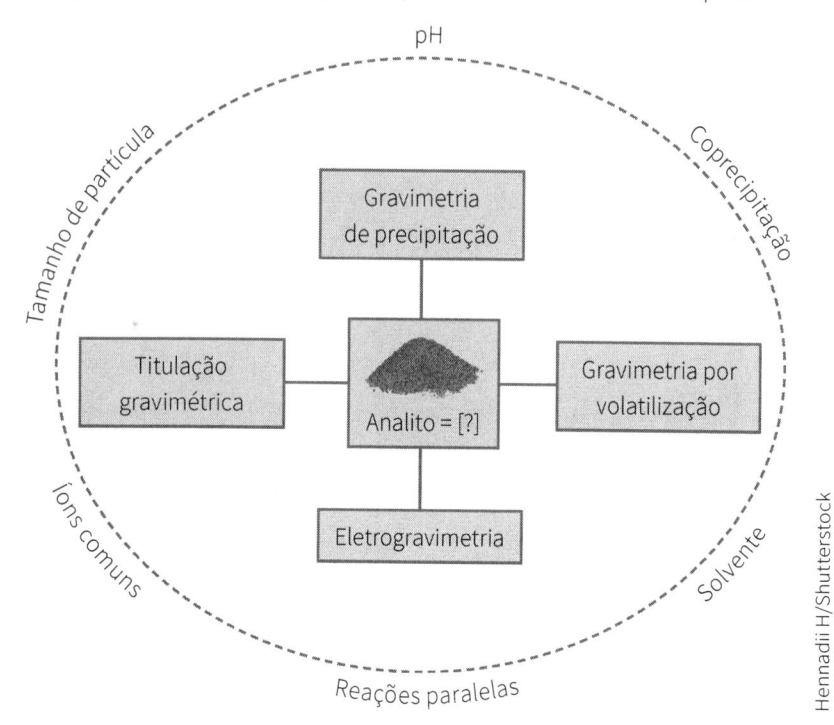

(Diagrama: no centro, "Analito = [?]", conectado a Gravimetria de precipitação, Gravimetria por volatilização, Eletrogravimetria e Titulação gravimétrica; ao redor, em círculo tracejado: pH, Coprecipitação, Solvente, Reações paralelas, Íons comuns, Tamanho de partícula)

Hennadii H/Shutterstock

Atividades de autoavaliação

1. Quais as principais etapas ou operações comumente empregadas em análise gravimétrica, em ordem, respectivamente?
   a) Precipitação e digestão, filtração e lavagem, calcinação ou secagem, pesagem e cálculos.

b) Precipitação e cálculos.
c) Precipitação, lavagem e cálculos.
d) Preparação da amostra e soluções e precipitação.
e) Preparação da amostra e soluções, precipitação e digestão, filtração e lavagem, calcinação ou secagem, pesagem e cálculos.

2. A digestão é uma etapa importante da análise gravimétrica; nela, o precipitado permanece na solução "mãe" por mais algum tempo sob temperatura. Normalmente, isso se tornará o precipitado:
   a) menor, auxiliando a filtração.
   b) maior, diminuindo a pureza do precipitado.
   c) maior, auxiliando a filtração e aumentando a pureza do precipitado.
   d) menor, auxiliando a filtração e aumentando a pureza do precipitado.
   e) Inalterado.

3. O cloreto em 0,12 g de amostra 95% pura de $MgCl_2$ foi precipitado como AgCl. Calcule o volume de uma solução de $AgNO_3$ 0,100M, requerida para precipitar o cloreto e dar um excesso de 10%. Agora, selecione a alternativa que indica corretamente o resultado:
   a) 23,72 mL.
   b) 26,35 mL.
   c) 25,21 mL.
   d) 27,73 mL
   e) 21,35 mL.

4. Um precipitado termicamente estável, pesando 350,05 g, é coletado e deixado para secar por 24 h, em uma estufa a 105 °C. Após isso, massas constantes de 222,45 g são registradas em três intervalos sucessivos de uma hora. Qual o teor de água do precipitado?
   a) 63,54%
   b) 36,45%
   c) 27,13%
   d) 38,45%
   e) 60,54%

5. Suspensões coloidais em análises gravimétricas normalmente são difíceis de ser filtradas. Portanto, recorre-se aos processos de **aquecimento** e **agitação** e ainda de **adição de eletrólito** para promover a **coagulação** do precipitado. No entanto, é preciso tomar os devidos cuidados para se evitar o processo de **peptização** na lavagem do precipitado. Julgue os termos destacados como verdadeiros (V) ou falsos (F) e escolha a alternativa correta:
   a) F, F, V, F, F.
   b) F, F, F, F, F.
   c) V, V, V, V, V.
   d) V, F, V, F, V.
   e) V, F, F, F, F.

Atividades de aprendizagem
Questões para reflexão

1. Tanto os resíduos domésticos quanto os industriais, quando descartados inadequadamente, podem comprometer significativamente os padrões de qualidade da água, entre eles, o pH, matéria orgânica total, metais pesados, oxigênio dissolvido na água, condutividade elétrica etc. (GTech Soluções Ambientais, 2018). Quais seriam as atitudes e as medidas necessárias para minimizar efeitos negativos de resíduos urbanos em corpos hídricos, em sentido amplo e dentro do seu cotidiano?

2. A análise gravimétrica é uma ferramenta relativamente simples e barata para determinações de padrões de qualidade em produtos. Por exemplo: na produção de ligas metálicas, a concentração de cada componente da liga afeta significativamente as propriedades gerais do produto. Como forma de controle, podemos utilizar métodos gravimétricos para determinação do teor de cada componente presente. Discuta, com seu grupo, quais outros possíveis exemplos em que é possível observar a aplicação da gravimetria.

Atividades aplicadas: prática

1. Selecione um composto de baixa solubilidade, de sua escolha. Em seguida, monte um mapa conceitual com estratégias de como diminuir a solubilidade desse composto e aumentar o tamanho de partícula e cristalinidade.

Capítulo 4

Volumetria

Neste capítulo, vamos aplicar os princípios de análise volumétrica, bem como apresentar seus principais métodos, fundamentos, cálculos, instrumentos e aplicações. Abordaremos os conceitos da teoria ácido-base, coeficiente de atividade, equilíbrio ácido-base, conceitos de ácido forte e fraco, base forte e fraca para a análise quantitativa e na neutralização de soluções.

Também demonstraremos como aplicar os fundamentos de agentes oxidantes, redutores para a análise tilulométrica de permanganometria, iodimetria, iodometria e dicromatometria. Ao final do capítulo, com base em uma aula prática, você saberá como preparar e padronizar soluções diluídas de ácidos e bases.

4.1 Fundamentos de análise volumétrica

Na análise gravimétrica, a determinação de um analito consiste na pesagem de um composto estável de estequiometria conhecida; a análise volumétrica, por sua vez, baseia-se na medida de volumes. O processo envolve tanto a relação entre o volume de solução de concentração conhecida, chamada de *solução-padrão*, que é necessário na reação completa com um analito de interesse presente em uma amostra, quanto o processo inverso. A análise volumétrica apresenta um conjunto de métodos consideravelmente precisos, utilizando equipamentos e vidrarias simples, caracterizada normalmente por processos rápidos. Contudo, as vidrarias e os equipamentos utilizados devem ser volumétricos, graduados e precisamente calibrados. Como a determinação do analito é feita com base na comparação com padrões, estes devem ter pureza conhecida e apresentar algumas características básicas. Normalmente utilizam-se indicadores visuais que serão relatados em cada situação particular, mas também há a possibilidade de indicadores instrumentais, ambos sendo necessários para indicar o fim da reação.

O aparato básico em análise volumétrica consiste na utilização de um erlenmeyer, suporte universal, garras metálicas e bureta, conforme observamos na Figura 4.1. Obviamente, a análise não descarta todas as outras vidrarias e equipamentos envolvidos no preparo de soluções como balança analítica, béquer, espátula, balões volumétricos etc.

Figura 4.1 – Representação esquemática do aparato básico de análise volumétrica

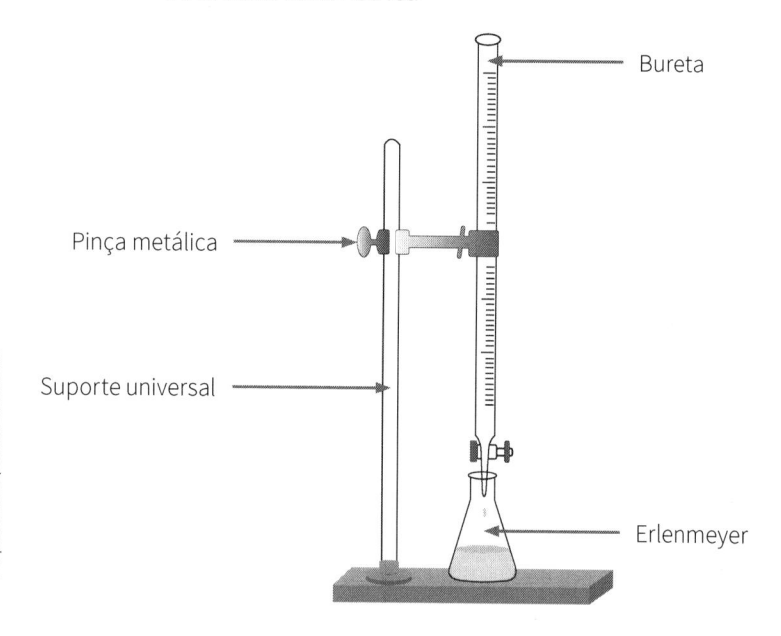

Antes de discutirmos os tipos de análise volumétrica, é importante definirmos alguns termos importantes na análise – por exemplo: titulação volumétrica, solução-padrão e curva de titulação etc.

4.1.1 Titulação volumétrica

Uma titulação volumétrica consiste basicamente na adição controlada de uma solução titulante (de concentração precisamente conhecida) sobre a solução do titulado (de concentração desconhecida). Normalmente, a solução titulante está inserida na bureta, e a solução do titulado, no erlenmeyer. Por comparação do número de mols é possível, por exemplo, determinar a concentração da solução do titulado no ponto final da reação, o qual é, teoricamente, chamado de *ponto de equivalência*.

Ocorre que grande parte das reações não fornecem mudanças visuais no ponto final, e para isso é necessária a adição de um indicador do ponto final da titulação, composto que realizará uma reação paralela com o titulante, provocando, por exemplo, a mudança de cor da solução. Quando acontece a mudança visual observada pelo indicador, há o ponto final da titulação, que idealmente deve ser igual ao ponto de equivalência. No entanto, na prática eles são ligeiramente diferentes e é por isso que é muito importante escolher um indicador adequado que forneça a mudança visual (ponto final da titulação) tão próxima quanto possível do ponto final da reação (ponto de equivalência). Normalmente, para se conhecer melhor o ponto de equivalência é traçado um gráfico do pH em função do volume do titulante que foi adicionado, o que caracteriza uma curva de titulação, onde o ponto médio de inflexão da curva indica o volume e pH exatos do ponto de equivalência.

Importante!

De acordo com o tipo de reação envolvida, podemos classificar os métodos volumétricos como diretos ou indiretos. No **método direto**, o analito é determinado quando reage diretamente com o reagente titulante (solução-padrão). Já no **método indireto**, primeiramente, adicionamos à solução do analito um excesso de solução titulante, porém a quantidade total é conhecida. Em seguida, realizamos nova titulação com outra solução-padrão, que reagirá com o excesso do reagente titulante e, pela diferença, é possível determinar qual a quantidade de titulante requerida na primeira titulação. Esse tipo de método é eficaz nas seguintes situações, entre outras:

- quando não há compatibilidade da velocidade da reação e da titulação;
- quando a solubilidade do analito é maior no reagente titulante;
- muito comumente, quando não há um indicador apropriado para a primeira titulação.

4.1.2 Solução-padrão

Na volumetria, vimos que é fundamental, na determinação do analito, que seja feita a comparação com uma solução-padrão. A solução-padrão ocorre quando temos um padrão primário dissolvido em concentração conhecida ou quando temos um padrão secundário, cuja concentração foi padronizada pela comparação com um reagente primário. Veremos detalhes desses dois tipos de padrões no Capítulo 6.

Algumas vezes, o comportamento relativo à concentração do analito em função da adição do titulante é importante e deve ser analisado. Para isso, construímos uma representação gráfica, relacionando o logaritmo das concentrações envolvidas. Observamos que o valor do logaritmo da concentração do analito varia bruscamente na região bem próxima ao ponto de equivalência, permitindo a interpretação do comportamento da curva para quantificar, exatamente, o ponto de equivalência.

Importante!

Idealmente, as reações químicas passíveis de serem utilizadas em análise volumétrica devem ser:

- simples;
- de estequiometria conhecida e proporcional ao reagente proporcionado;
- rápidas de modo que, mediante a adição do reagente, ele atinja o equilíbrio de modo praticamente instantâneo;
- ter alguma alteração física ou química marcante no ponto de equivalência da reação (exemplo: pH);
- ter um indicador que, por mudancas físicas, indique com clareza o ponto final da titulação (exemplo: cor).

Com base nisso, é possível classificar os métodos volumétricos em quatro classes diferentes, de acordo com particularidades de cada método. Neste capítulo, além da breve definição dos quatro métodos, abordaremos, em mais detalhes, a volumetria ácido-base e a volumetria de oxidação-redução.

A volumetria ácido-base sempre envolve essas duas espécies, ou seja, uma base e um ácido, sendo que a concentração de um dos componentes da titulação deve sempre ser exatamente conhecida (solução-padrão), o ponto final desse tipo de volumetria é facilmente observado por indicadores instrumentais, como o medir de potencial hidrogeniônico (pH), ou mesmo visuais, como a utilização de fenolftaleína. A Tabela 4.1, a seguir, mostra um conjunto de indicadores ácido-base que podem ser utilizados de acordo com a região em que ocorre o ponto final da titulação.

Tabela 4.1 – Indicadores ácido-base e os intervalos de pH mudança de cor

Indicador	Cor antes do ponto de equivalência	Intervalo de pH de mudança de cor	Cor após o ponto de equivalência
Violeta de metila	Amarelo	0,0-1,6	Azul-púrpura
Alaranjado de metila	Vermelho	3,1-4,4	Amarelo
Azul de bromotimol	Amarelo	6,0-7,6	Azul
Fenolftaleína	Incolor	8,2-10,0	Rosa-carmim
Amarelo de alizarina R	Amarelo	10,3-12,0	Vermelho

Já a volumetria, ou titulação de óxido-redução, baseia-se em reações de oxidação e redução, ou seja, reações em que há a transferência de elétrons. Nesse tipo de titulação, há duas semirreações envolvidas: uma de oxidação, em que elétrons são liberados, e outra de redução, em que os elétrons liberados são capturados.

Os indicadores utilizados, nesse caso, possibilitam a visualização do ponto final não pela mudança de concentração do par envolvido na oxidação-redução, mas, sim, pela variação do potencial do meio. Observe alguns exemplos na Tabela 4.2:

Tabela 4.2 – Indicadores de oxidação e redução e potencial de transição

Indicador	Cor do redutor	Cor do oxidante	Variação de potencial de transição (V)
Fenosafranina	Incolor	Vermelho	0,28
Índigo tetrassulfonato	Incolor	Azul	0,36
Azul de metileno	Incolor	Azul	0,53
Difenilamina	Incolor	Violeta	0,76
Ferroína	Vermelho	Azul Claro	1,11

No capítulo seguinte, abordaremos a volumetria de complexação que se baseia na formação de um complexo solúvel entre um agente complexante e um analito que, nesse caso, é um cátion metálico; um dos agentes complexantes mais largamente utilizados – o EDTA (ácido etilenodiamino tetra-acético).

Os indicadores utilizados formam complexos coloridos com o analito, como mostra a Tabela 4.3:

Tabela 4.3 – Indicadores complexométricos

Indicador	Analito
Ácido calconcarboxílico	Determinação de Ca e detecção de Mg
Calcon	Determinação de Al, Fe e Zr
Laranja xilenol	Determinação de Ga, In e Sc
Preto de eriocromo T	Determinação de Ca, Mg e Al

Por fim, a volumetria de precipitação é um método em que há a formação de duas fases, sendo uma líquida (geralmente, água) e uma sólida, insolúvel no sistema. Uma curva de titulação de volumetria de precipitação é descrita analogamente à descrição de curvas de titulação ácido-base.

Um dos métodos mais importantes é a **argentimetria**, em que sais de prata pouco solúveis são formados. Trata-se de um método muito utilizado na determinação de haletos, cianeto e tiocianato.

A Tabela 4.4 mostra um resumo de outros métodos possíveis. Observe:

Tabela 4.4 – Métodos e indicadores comumente utilizados em volumetria de precipitação

Analito	Reagente titulante	Produto	Indicador
Br^-, Cl^-	$Hg_2(NO_3)_2$	Hg_2X_2 (X = ânion)	Azul de bromofenol
Pb^{2+}	$MgMoO_4$ K_2CrO_4	$PbMoO_4$ $PbCrO_4$	Vermelho de solo cromo B Ortocromo B
PO_4^{3-}	$Pb(OAc)_2$	$Pb_3(PO_4)_2$	Dibromofluoresceína
Zn^{2+}	$K_4Fe(CN)_6$	$K_2Zn_3[Fe(CN)_6]$	Difenilamina

4.2 Volumetria ácido-base

Antes de compreender a volumetria ácido-base, é preciso conhecer alguns conceitos importantes envolvidos nessa titulação: por exemplo, qual a definição de um ácido e uma base, bem como os conceitos envolvidos quanto a substâncias ácidas ou básicas fortes ou fracas.

O que é

Um ácido, segundo a teoria de Brosnted-Lowry, é uma substância capaz de doar íons H^+ que se associarão a uma molécula de água formando o íon hidrônio (H_3O^+). Então, podemos encontrar vários exemplos desse tipo de compostos: HCl, H_2SO_4, H_3PO_4, H_3BO_3, CH_3COOH etc.

Todavia, nem todos os ácidos têm a mesma capacidade de doar íons H^+, ou seja, teremos **ácidos fortes**, que doam todos os seus cátions H^+, ou quase todos, e os ácidos fracos, que doam, parcialmente, seus cátions H^+.

Genericamente temos:

Equação 4.1

$$HA_{(aq)} + H_2O_{(l)} \rightarrow H_3O^+_{(aq)} + A^-_{(aq)}$$

Tomando como exemplo o ácido clorídrico (HCl), que é um ácido forte, em solução aquosa, esse composto possui 100% dos seus cátions H^+ dissociados (Equação 4.2):

Equação 4.2

$$HCl_{(aq)} + H_2O_{(l)} \rightarrow H_3O^+_{(aq)} + Cl^-_{(aq)}$$

Um exemplo de **ácido fraco** é o ácido presente no vinagre, o ácido acético (CH_3COOH), composto que, por sua vez, dissocia-se parcialmente, estabelecendo uma reação em equilíbrio, ou seja (Equação 4.3):

Equação 4.3

$$CH_3COOH_{(aq)} + H_2O_{(l)} \rightleftharpoons H_3O^+_{(aq)} + CH_3COO^-_{(aq)}$$

E a força de um ácido fraco, como esse do exemplo, é relacionada com a sua constante de dissociação, que, para ácidos, é o símbolo *Ka*.

O que é

A constante de dissociação ácida é obtida pela razão entre o produto das concentrações dos produtos sobre os reagentes elevadas aos respectivos coeficientes estequiométricos, não considerando a água líquida, logo (Equação 4.4):

Equação 4.4

$$Ka = \frac{[H_3O^+_{(aq)}] \cdot [CH_3COO^-_{(aq)}]}{[CH_3COOH_{(aq)}]}$$

Numericamente, quanto menor for o valor de *Ka* de um ácido, mais fraco ele será. Para ácidos com mais de um hidrogênio ionizável (ácido poliprótico), cada hidrogênio terá uma constante de dissociação diferente. A Tabela 4.5 mostra alguns exemplos de ácidos mono e polipróticos e as suas constantes de dissociação (*Ka*).

Tabela 4.5 – Constantes de dissociação ácida (*Ka*) de alguns ácidos

Nome	Fórmula	A⁻	Ka
Ácido acético	CH_3COOH	CH_3COO^-	$1,8 \cdot 10^{-5}$
Ácido cianídrico	HCN	CN^-	$4,4 \cdot 10^{-10}$
Ácido fosfórico	H_3PO_4	$H_2PO_4^-$	$K_{a1} = 7,6 \cdot 10^{-3}$
Íon dihidrogenofosfato	$H_2PO_4^-$	HPO_4^{2-}	$K_{a2} = 6,3 \cdot 10^{-8}$
Íon dihidrogenofosfato	HPO_4^-	PO_4^{3-}	$K_{a3} = 4,4 \cdot 10^{-13}$
Ácido sulfídrico	H_2S	HS^-	$K_{a1} = 1,1 \cdot 10^{-7}$
Íon hidrogenossulfeto	HS^-	S^{2-}	$K_{a2} = 1,0 \cdot 10^{-14}$
Ácido fluorídrico	HF	F^-	$6,7 \cdot 10^{-4}$

Após a liberação do cátion H^+, forma-se um ânion (A^-), que chamamos de *base conjugada*. Isso significa que, para todo ácido dissociado, existirá sua base conjugada – por exemplo: para o HCl, sua base conjugada é o ânion Cl^- formando o par ácido/base conjugada (HCl/Cl^-).

Quantitativamente, a força da base conjugada de um ácido é inversamente proporcional à força do ácido, ou seja, quanto mais fraco um ácido mais forte será a sua base conjugada, e vice-versa.

O que é

Se um ácido de Bronsted-Lowry é um doador de H^+, uma base, então, é um composto capaz de aceitar íons H^+ que, em solução aquosa, geram ânions OH^-. Genericamente, podemos expressar o conceito de uma base como está na Equação 4.5:

Equação 4.5

$$B_{(aq)} + H_2O_{(l)} \rightarrow HB^+_{(aq)} + OH^-_{(aq)}$$

Quantitativamente, a força de uma base está focada na formação de ânion OH^-: **bases fortes** apresentam todos os ânions OH^- livre em solução, ou seja, 100% dissociado – por exemplo; o hidróxido de sódio (Equação 4.6):

Equação 4.6

$$NaOH_{(aq)} + H_2O_{(l)} \rightarrow Na^+_{(aq)} + OH^-_{(aq)}$$

No entanto, assim como os ácidos, nem todas as bases se dissociam completamente e estabelecem um equilíbrio em que os ânions OH^- estão parcialmente livres, classificadas então como **bases fracas**. Como exemplo de uma base assim temos (Equação 4.7):

Equação 4.7

$$NH_{3(aq)} + H_2O_{(l)} \rightleftharpoons NH^+_{4(aq)} + OH^-_{(aq)}$$

E, assim como Ka está associado à força do ácido que se dissocia parcialmente, Kb está associado à força da base que se dissocia parcialmente, para o exemplo anterior, Kb pode expresso como (Equação 4.8):

Equação 4.8

$$Kb = \frac{[NH_4^+] \cdot [OH^-]}{[NH_3]}$$

Importante!

De maneira análoga aos ácidos, quanto menor for a constante de dissociação básica Kb, mais fraca será essa base e, consequentemente, mais forte será o seu ácido conjugado.

A Tabela 4.6 mostra alguns valores de Kb:

Tabela 4.6 – Constante de dissociação básica (Kb) de algumas bases

Nome	B	HB+	Kb
Amônia	NH_3	NH_4^+	$1,8 \cdot 10^{-5}$
Hidroxilamina	NH_2OH	NH_3OH^+	$9,1 \cdot 10^{-9}$
Metilamina	CH_3NH_2	$CH_3NH_3^+$	$4,4 \cdot 10^{-4}$
Fosfina	PH_3	PH_4^+	$1 \cdot 10^{-14}$

Um fator importante a ser levado em consideração em ambos os casos, tanto compostos ácidos quanto compostos básicos, é a **atividade**, que é expressa pela Equação 4.9:

Equação 4.9

$a_i = y_i \cdot x_i$

Na Equação 4.9, a_i é a atividade, y_i é o coeficiente de atividade e x_i é a concentração.

Importante!

Idealmente, o coeficiente de atividade de uma solução deve ser igual a 1; com isso, a atividade será igual à concentração. No entanto, isso não é observado para soluções mais concentradas, nas quais um íon tem a capacidade de influenciar a sua vizinhança, também composta por íons e não de solvente. Isso significa que um ácido ou base forte só estarão 100% dissociados quando não se tratar de soluções concentradas.

Todavia, em reações de neutralização rotineiras em laboratórios, normalmente, são utilizadas soluções diluídas que traduzem a atividade igual à concentração. Esse tipo de entendimento é essencial quando se trabalha com a neutralização de um ácido por uma base ou vice-versa, visto que é necessário conhecer, exatamente, a quantidade de matéria que está envolvida na reação.

E, em se tratando de ácidos e bases, a relação de concentração dessas espécies é, usualmente, expressa em valores de potencial hidrogeniônico, o pH. A escala de **pH** tem como base a água pura, que é considerada neutra, ou seja, nem ácida, nem básica. A água pura apresenta uma constante de dissociação (Kw) igual a $1 \cdot 10^{-14}$, que é calculada por meio do produto das concentrações de íons H^+ e OH^-. Portanto, se na água pura a concentração desses dois íons é igual (não há maior quantidade de uma espécie em relação à outra, caracterizando a neutralidade), a concentração de H^+, por exemplo, é igual a $1 \cdot 10^{-7}$.

Importante!

Sabendo que a relação entre pH e concentração se dá pela formula a seguir, é possível expressar a concentração de H^+ em termos de pH:

Equação 4.10

$$pH = -\log[H^+]$$

Aplicando a equação para a concentração de íons H^+ da água pura ($1 \cdot 10^{-7}$), obteremos um valor de pH igual a 7. Quando realizamos o mesmo cálculo para uma solução com maior concentração de íons H^+, por exemplo, $1 \cdot 10^{-2}$, o valor numérico de pH será menor. Para o exemplo, será igual a 2, logo, quanto maior a concentração de íons H^+, menor será o valor de pH (mais ácido); quanto menor a concentração de íons H^+, maior será o valor de pH (mais básico).

Um cálculo análogo pode ser feito para a concentração de íons OH^-, mas, nesse caso, a expressão do resultado se dá em termos de pOH, como expresso na Equação 4.11:

Equação 4.11

$$pOH = -\log[OH^-]$$

Com isso, criou-se a escala de pH, na qual soluções com pH menor do que 7 são consideradas **ácidas** e soluções maiores do que 7 são consideradas **básicas**.

Se somarmos os valores de pH e pOH da água pura e calculados por meio das expressões anteriores, obteremos o valor de 14, logo:

Equação 4.12

$$14 = pH + pOH$$

Figura 4.2 – Escala de pH com exemplos práticos

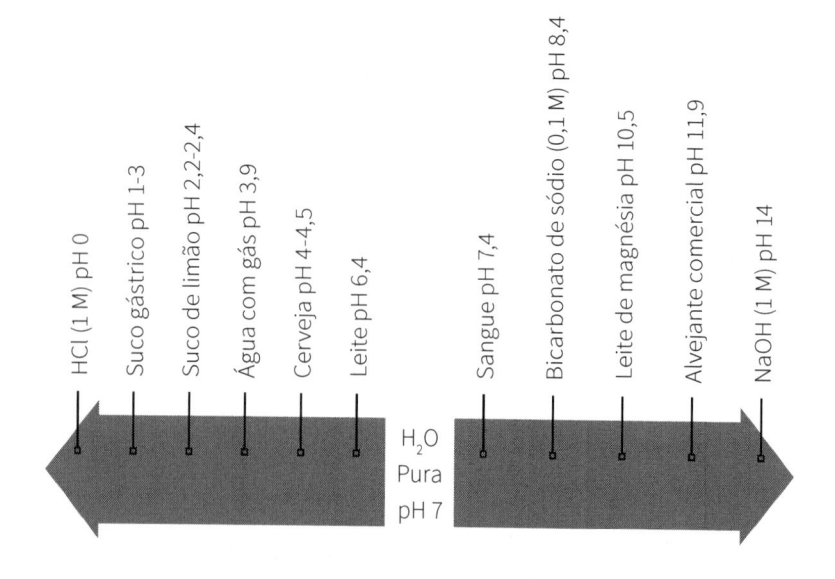

- HCl (1 M) pH 0
- Suco gástrico pH 1-3
- Suco de limão pH 2,2-2,4
- Água com gás pH 3,9
- Cerveja pH 4-4,5
- Leite pH 6,4
- H₂O Pura pH 7
- Sangue pH 7,4
- Bicarbonato de sódio (0,1 M) pH 8,4
- Leite de magnésia pH 10,5
- Alvejante comercial pH 11,9
- NaOH (1 M) pH 14

4.3 Neutralização de soluções

Ácidos e bases, quando postos juntos, normalmente, reagem rapidamente, neutralizando as propriedades um do outro e formando, como produtos, um sal e água. A água formada é proveniente, justamente, do cátion H^+ do ácido, que se une com o ânion OH^- da base. Essa reação é conhecida como *reação de neutralização ácido-base*, como expresso na Equação 4.13:

Equação 4.13

$$HB_{(aq)} + AOH_{(aq)} \rightarrow AB_{(aq)} + H_2O_{(l)}$$

A reação segue uma razão estequiométrica definida: para cada cátion H^+, é necessário um ânion OH^-; portanto, se um ácido possuir dois hidrogênios ionizáveis e reagir com uma base com apenas um ânion OH^- (também chamado de hidroxila), então, serão necessários dois mols da base para cada mol do ácido.

Exemplificando

Se for necessário neutralizar o ácido clorídrico (HCl) com hidróxido de sódio (NaOH), a reação pode ser representada da seguinte forma:

Equação 4.14

$$1HCl_{(aq)} + 1NaOH_{(aq)} \rightarrow 1NaCl_{(aq)} + 1H_2O_{(l)}$$

Agora, se utilizarmos a mesma base para neutralizar o ácido sulfúrico (H_2SO_4), então, termos que:

Equação 4.15

$$1H_2SO_{4(aq)} + 2NaOH_{(aq)} \rightarrow 1Na_2SO_{4(aq)} + 2H_2O_{(l)}$$

Esse tipo de interpretação é extremamente importante na titulação ácido-base, pois a relação da quantidade de matéria para o cálculo da concentração do analito leva em consideração a relação dos números de mols de cada um dos reagentes envolvidos na reação de neutralização, pois, no ponto de equivalência, **o número de mols de H^+ deve ser igual ao número de mols OH^-**.

O número de mols pode ser calculado pelas seguintes expressões:

Equação 4.16 e Equação 4.17

$$n = \frac{m}{MM} \quad \text{ou} \quad n = C \cdot V$$

Em que:

- n é o número de mols;
- m é a massa;
- MM é a massa molar;
- C é a concentração (mol/L);
- V é o volume.

Sabendo que, no ponto de equivalência, o número de mols deve ser igual, então teremos as Equações 4.18, 4.19 e 4.20:

Equação 4.18

n (ácido) = n (base)

Equação 4.19 e Equação 4.20

$$C \cdot V = C \cdot V \quad \text{ou} \quad \frac{m}{MM} = \frac{m}{MM}$$

No entanto, é preciso levar em consideração os coeficientes estequiométricos (*coef*) envolvidos na reação de neutralização, ou seja:

Equação 4.21

coef · n (ácido) = coef · n (base)

Uma reação de neutralização só será total quando a quantidade de íons H^+ liberados for igual à quantidade de íons OH^- liberados, caso contrário, será uma neutralização parcial (por exemplo, na neutralização de um mol de H_2SO_4 por um mol de NaOH). Nesse caso, teremos a seguinte reação:

Equação 4.22

$$1H_2SO_{4(aq)} + 1NaOH_{(aq)} \rightarrow 1NaHSO_{4(aq)} + 1H_2O_{(l)}$$

Portanto, o produto da reação, agora, é um sal hidrogenado (ou hidrogenossal), que é um sal ácido, portanto, para essa reação, teremos, ao final, um pH ácido, pois o ácido sulfúrico não foi totalmente neutralizado.

O pH, no ponto de equivalência (PE), nem sempre será neutro (pH 7). Isso só será válido para titulações ácido-base fortes. No entanto, quando se trata de uma titulação entre um ácido fraco e uma base forte, o pH, no PE, será maior do que 7.

Já quando se trata de um ácido forte com uma base fraca, o pH no PE será menor do que 7, como ilustrado na Figura 4.3.

Figura 4.3 – Curvas de titulação ácido-base

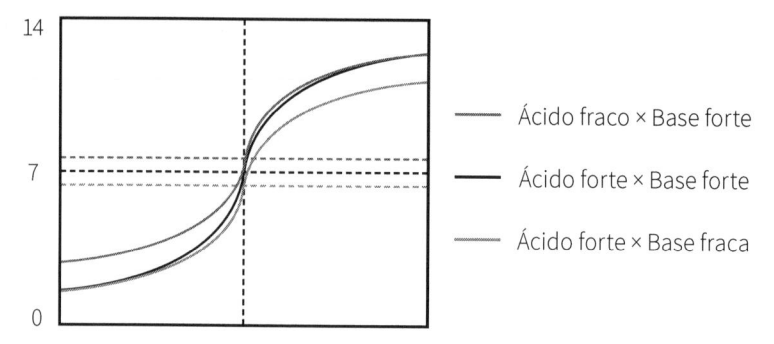

— Ácido fraco × Base forte
— Ácido forte × Base forte
— Ácido forte × Base fraca

A construção de uma curva de calibração é muito importante para determinar o ponto preciso de equivalência. De modo geral, a curva é separada em três regiões principais: antes, durante e depois do PE. Já os cálculos envolvidos na curva são separados em quatro: antes de iniciar a titulação, antes de atingir o PE, durante o PE e após o PE.

Exemplificando

Para uma titulação ácido-base fortes, por exemplo, a titulação de 100 mL de HCl (0,1 mol/L) com NaOH (0,1 mol/L), primeiramente, calculamos o volume teórico de NaOH necessário para atingir o ponto de equivalência, de acordo com a estequiometria da reação:

$$(\text{ácido}) \frac{0,1 \, mol}{L} \cdot 0,1 \, L = (\text{base}) \frac{0,1 \, mol}{L} \cdot V(L)$$

$$V(L) = 0,1 \, L = 100 \, mL$$

Ambos se dissociam totalmente em solução e, respeitando a relação estequiométrica para neutralização total, assim como descrito anteriormente, teremos que: antes de iniciar a titulação, o pH da solução é determinado, unicamente, pela dissociação do ácido. Como é um ácido forte, a concentração de H^+ será igual à concentração do HCl:

Equação 4.23

$$HCl_{(aq)} + H_2O_{(l)} \rightarrow H_3O^+_{(aq)} + Cl^-_{(aq)}$$
$$0,1 \frac{mol}{L} \quad 0,1 \frac{mol}{L}$$
$$pH = -\log[0,1] = 1$$

Antes de atingir o ponto de equivalência, parte do HCl já foi neutralizado pela adição de NaOH, contudo ainda resta um pouco de ácido que não foi neutralizado e o pH será determinado por essa quantidade ainda restante de ácido.

Suponha que foram adicionados 98 mL de NaOH. Para calcularmos o pH, nesse ponto, montamos a tabela de equilíbrio da reação:

n. de mols do ácido = C · V => 0,1 mol/L · 0,1 L = 0,01 mols

n. de mols da base = C · V => 0,1 mol/L · 0,098 = 0,0098 mols

	$1HCl_{(aq)}$	$1NaOH_{(aq)}$	$1NaCl_{(aq)}$	$1H_2O_{(l)}$
Início	0,01	–	–	–
Adição	–	0,0098	–	–
Equilíbrio	0,0002	–	0,0098	0,0098

Sabendo que, para calcular pH, é preciso transformar o número de mols em concentração e que o volume total após a adição da base ficou igual a 198 mL, então:

$$C_{(ácido)} = \frac{0,0002}{0,198} = 0,00101 \text{ mol/L}$$

O HCl é um ácido forte, que se dissocia, totalmente. Logo, a concentração de HCl é igual à concentração de íons H^+, assim:

pH = −log (0,00101) = 2,99 ≅ 3

No PE, todo o HCl foi neutralizado de modo estequiométrico pelo NaOH resultando em um sal e água. Como se trata de um sal proveniente de ácidos e bases fortes, o pH, no ponto de equivalência, é determinado pela dissociação da água (K_w, Equação 4.24), que é $1 \cdot 10^{-14}$, ou seja, a concentração de íons H^+ é a metade desse valor:

Equação 4.24

$K_w = [H^+] \cdot [OH^-]$

$1 \cdot 10^{-14} = x \cdot x$

$1 \cdot 10^{-7} = x$

pH = −log $(1 \cdot 10^{-7})$ = 7

Já após o PE, todo o HCl já foi neutralizado. No entanto, começa a surgir um excesso de NaOH e, com isso, o pH é definido pela dissociação dessa base, que, do mesmo modo que para o ácido, por ser uma base forte, é igual à quantidade de base que foi adicionada em excesso. Admitindo que foram adicionados 102 mL de NaOH, montando novamente a tabela de equilíbrio, temos:

n. de mols do ácido = 0,01 mols

n. de mols da base = C · V = > 0,1 mol/L · 0,102 L = 0,0102 mols

	$1HCl_{(aq)}$	$1NaOH_{(aq)}$	$1NaCl_{(aq)}$	$1H_2O_{(l)}$
Início	0,01	–	–	–
Adição	–	0,0102	–	–
Equilíbrio	0,0002	–	0,01	0,01

Nesse caso, todo o HCl foi consumido gerando quantidades estequiométricas de sal e água, portanto o pH será em função da concentração de NaOH (OH⁻) em excesso:

$$C_{(base)} = \frac{0,0002}{0,202} = 0,00099 \text{ mol/L}$$

Sabendo que NaOH é uma base forte que se dissocia totalmente, a sua concentração é igual à concentração de OH⁻ em solução, temos que pOH é igual a:

pOH = –log (0,00099) = 3,004 ≅ 3

Como a soma de pOH e pH deve ser igual a 14, então:

14 = pH + 3

pH = 11

Quando se tratar da titulação de uma base por um ácido, então, a ordem para cálculo do pH se inverte em relação ao par ácido-base, ou seja, primeiramente, o pH é definido pela dissociação da base forte; em seguida, pela quantidade restante da base que ainda não foi neutralizada; no PE, o pH continua sendo regido pela hidrólise da água (pH neutro) e, por fim, haverá um pequeno excesso de ácido, que indicará o valor do pH.

No caso de uma titulação ácido fraco base forte, há algumas diferenças em relação à titulação ácido base forte. Por exemplo: na titulação de 100 mL de uma solução de ácido acético (CH_3COOH) 0,1 mol/L (Ka = 1,80 · 10^{-5}) com uma solução-padrão de NaOH (0,1 mol/L), primeiramente, calculamos o volume teórico para atingir o ponto de equivalência, com base na reação estequiométrica de neutralização:

Equação 4.25

$$CH_3COOH_{(aq)} + NaOH_{(aq)} \rightarrow CH_3COONa_{(aq)} + H_2O_{(l)}$$

n (ácido) = n (base)

$$\frac{0,1 \text{ mol}}{L} \cdot 0,1 \text{ L} = \frac{0,1 \text{ mol}}{L} \cdot V(L)$$

V(L) = 0,1 L = 100 mL

Com relação ao cálculo de pH das regiões da curva de titulação, temos que, primeiramente, o pH será definido pela dissociação do ácido fraco (CH_3COOH) (Equação 4.26). Para isso, é preciso levar em consideração a constante de dissociação ácida (Ka, Equação 4.27) e a reação de dissociação do CH_3COOH:

Equação 4.26

$$CH_3COOH_{(aq)} + H_2O_{(l)} \rightleftharpoons H_3O^+_{(aq)} + CH_3COO^-_{(aq)}$$

Equação 4.27

$$Ka = \frac{[H_3O^+] \cdot [CH_3COO^-]}{[CH_3COOH]}$$

$$1,80 \cdot 10^{-5} = \frac{x \cdot x}{0,1 - x}$$

Considerando $0,1 - x \cong 0,1$

$x = 0,00134$ mol/L $= [H_3O^+]$

$pH = -\log(0,00134) = 2,87$

Em seguida, antes de atingir o ponto de equivalência, haverá uma mistura do CH_3COOH que ainda não foi neutralizado com o sal formado pela neutralização que já ocorreu (CH_3COONa). Nessa situação, há a formação de um sistema tampão, que é composto por um ácido fraco e seu sal. Portanto, o pH será determinado pelo sistema tampão que foi formado, admitindo que 40 mL de NaOH sejam adicionados, então, pela tabela de equilíbrio, temos que:

n (ácido) = 0,1 mol/L · 0,1 L = 0,01 mols

n (base) = 0,1 mol/L · 0,04 L = 0,004 mols

	$CH_3COOH_{(aq)}$	$NaOH_{(aq)}$	$CH_3COONa_{(aq)}$	$H_2O_{(l)}$
Início	0,01	–	–	–
Adição	–	0,004	–	–
Equilíbrio	0,006	–	0,004	0,004

No equilíbrio, a concentração dos produtos e reagentes será:

$[CH_3COOH] = \dfrac{0,006}{0,140} = 0,04286$ mol/L

$[CH_3COONa] = \dfrac{0,004}{0,140} = 0,02857$ mol/L

$$\text{Sendo } Ka = \frac{[H_3O^+] \cdot [CH_3COONa]}{[CH_3COOH]}$$

$$1{,}80 \cdot 10^{-5} = \frac{[H_3O^+] \cdot (0{,}02857)}{(0{,}04286)} => [H_3O^+] = 2{,}70 \cdot 10^{-5}\, mol/L$$

$$pH = -\log(2{,}10 \cdot 10^{-5}) = 4{,}68$$

No PE, o pH não será mais determinado pela hidrólise da água, e sim pela hidrólise do sal formado (CH_3COONa), pois é um sal proveniente de um ácido fraco e de uma base forte. É possível perceber pelos cálculos que a característica do componente mais forte que deu origem ao sal dominará, ou seja, o pH, no PE para a titulação em questão, será básico, considerando que, no ponto de equilíbrio, todo o ácido tenha reagido em relação estequiométrica com a base, então, a concentração do sal formado, para o exemplo em questão, é 0,05 mol/L. Para calcular o pH, devemos levar em consideração a constante de hidrólise (*Kh*) do sal, que pode ser obtida pelas seguintes fórmulas, de acordo com a característica dos íons provenientes do ácido (Equação 4.28) ou base fracos (Equação 4.29):

Equação 4.28 e Equação 4.29

$$Kh = \frac{Kw}{Ka} \quad ou \quad \frac{Kw}{Kb}$$

Sendo: *Ka* constante de dissociação ácida, *Kb* constante de dissociação básica e *Kw* constante de ionização da água ($1 \cdot 10^{-14}$). Para o exemplo, de acordo com o descrito, devemos utilizar a relação de *Ka*, portanto:

$$Kh = \frac{1 \cdot 10^{-14}}{1{,}8 \cdot 10^{-5}} = 5{,}56 \cdot 10^{-10}$$

Resolvendo Kh para o equilíbrio de hidrólise do sal, temos que:

	$CH_3COO^-_{(aq)}$	$H_2O_{(l)}$	$CH_3COOH_{(aq)}$	$OH^-_{(aq)}$
Início	0,05	–	–	–
Equilíbrio	0,05 – x	–	x	x

Sendo $Kh = \dfrac{[CH_3COOH] \cdot [OH^-]}{[CH_3COO^-]}$

$5{,}56 \cdot 10^{-10} = \dfrac{x \cdot x}{0{,}05 - x}$

Considerando que $0{,}05 - x \cong 0{,}05$, então:

$2{,}78 \cdot 10^{-11} = x^2$

$x = 5{,}27 \cdot 10^{-6} = [OH^-]$

$pOH = -\log(5{,}27 \cdot 10^{-6}) = 5{,}28$

$pH = 14 - pOH = 8{,}72$

Após o ponto de equivalência, há excesso de NaOH. Sendo uma base forte, ela reprime a reação de hidrólise do sal e, nesse ponto, o pH é definido pela quantidade de NaOH (OH^-) em excesso na solução, considerando que foram adicionados 105 mL de NaOH:

n. de mols do ácido = 0,01 mols

n. de mols da base = C · V => 0,1 mol/L · 0,105 L = 0,0105 mols

	$CH_3COOH_{(aq)}$	$NaOH_{(aq)}$	$CH_3COONa_{(aq)}$	$H_2O_{(l)}$
Início	0,01	–	–	–
Adição	–	0,0105	–	–
Equilíbrio	–	0,0005	0,01	0,01

Nesse caso, todo o HCl foi consumido, gerando quantidades estequiométricas de sal e água, portanto o pH será em função da concentração de NaOH (OH⁻) em excesso:

$$C_{(base)} = \frac{0,0005}{0,205} = 0,00244 \text{ mol/L}$$

$$C_{OH^-} = C_{NaOH}$$

$$pOH = -\log(0,00244) = 2,61$$

$$14 = pH + 2,61$$

$$pH = 11,39$$

Quando se tratar da titulação de uma base fraca por um ácido forte, a ordem para cálculo do pH se inverte em relação ao par ácido-base, ou seja, primeiramente, o pH é definido pela dissociação da base fraca; em seguida, pelo tampão formado entre o sal formado e a quantidade restante da base fraca que ainda não foi neutralizada. No ponto de equivalência, o pH continua sendo regido pela hidrólise do sal formado (nesse caso, o pH será ácido) e, por fim, haverá um pequeno excesso de ácido, que vai inibir a hidrólise do sal formado e indicar o valor do pH.

4.4 Volumetria de óxido-redução

Como já abordamos no início do capítulo, a titulação de óxido-redução baseia-se em semirreações de oxidação e redução em que há a transferência de elétrons, ou seja, nessa reação, há pelo menos um par de semirreações que podemos chamar de *par redox*. Nelas, há dois tipos de espécies eletroquímicas: as que são oxidantes e removem elétrons, e as que são redutoras e doam elétrons.

Importante!

Os agentes, ou espécies oxidantes, passam pelo processo de redução e diminuem o número de oxidação (nox); já os agentes, ou espécies redutoras, passam pela oxidação e aumentam o nox, por exemplo:

Equação 4.30

$$Ce^{4+}_{(aq)} + Fe^{2+}_{(aq)} \rightleftharpoons Ce^{3+}_{(aq)} + Fe^{3+}_{(aq)}$$

No caso da reação de oxidação-redução demonstrada, o cério (Ce) reduziu, passando de 4+ para 3+; nessa reação, ele é o agente oxidante. Já o ferro II (Fe), oxidação passou de 2+ para 3+, e, para essa reação, ele é o agente redutor.

É importante conhecer as semirreações para saber a quantidade de elétrons envolvida e balancear, adequadamente, a reação; no caso do exemplo anterior, um elétron foi doado pelo ferro II e esse mesmo elétron foi removido pelo cério, lembrando que elétron é carga negativa. Por isso, ao receber elétrons, as espécies se tornam mais negativas.

Outras reações podem envolver quantidade de elétrons diferentes nas semirreações. Portanto, é preciso balancear as equações para obter a equação global, contudo o potencial-padrão de redução (ou oxidação) não é afetado pela estequiometria, por exemplo, na seguinte reação:

Equação 4.31

$$MnO_4^-{}_{(aq)} + Fe^{2+}_{(aq)} + 8H^+_{(aq)} \rightleftharpoons Mn^{2+}_{(aq)} + Fe^{3+}_{(aq)} = 4H_2O_{(l)}$$

Semirreação de redução:

Equação 4.32

$$MnO_4^-{}_{(aq)} + 8H^+_{(aq)} + 5 \text{ elétrons} \rightleftharpoons Mn^{2+}_{(aq)} + 4H_2O_{(l)}$$

Semirreação de oxidação:

Equação 4.33

$$Fe^{2+}_{(aq)} \rightleftharpoons Fe^{3+}_{(aq)} + 1 \text{ elétron}$$

Logo, para que o número de elétrons doados seja igual ao número de elétrons recebidos, é preciso multiplicar toda a equação de redução por 1 e toda a reação de oxidação por 5. Assim, a reação global balanceada fica:

Equação 4.34

$$1MnO_4^-{}_{(aq)} + 5Fe^{2+}_{(aq)} + 8H^+_{(aq)} \rightleftharpoons 1Mn^{2+}_{(aq)} + 5Fe^{3+}_{(aq)} + 4H_2O_{(l)}$$

O cálculo do potencial-padrão da reação pode ser feito por três diferentes fórmulas, como mostram a Equação 4.35, a Equação 4.36 e a 4.37, que levam em consideração os potenciais de redução ou oxidação das semirreações.

Esses dados são tabelados e obtidos pela reação com gás hidrogênio, que, por convenção, possui potencial de redução igual a zero. Observe a Tabela 4.7.

Equação 4.35

$$E^0 = E^0_{oxi(cede\ elétrons)} + E^0_{red(recebe\ elétrons)}$$

Equação 4.36

$$E^0 = E^0_{oxi\,(cede\,elétrons)} - E^0_{oxi\,(recebe\,elétrons)}$$

Equação 4.37

$$E^0 = E^0_{red\,(recebe\,elétrons)} - E^0_{red\,(cede\,elétrons)}$$

Tabela 4.7 – Semirreações de redução e potenciais padrão de redução

Semirreação de redução	Potencial-padrão de redução
$Li^+ + 1$ elétron $\rightleftharpoons Li_{(s)}$	$E^0 = -3{,}04$ V
$Zn^{2+} + 2$ elétrons $\rightleftharpoons Zn_{(s)}$	$E^0 = -0{,}76$ V
$2H^+ + 2$ elétrons $\rightleftharpoons H_{2(g)}$	$E^0 = 0{,}00$ V
$Ag^+ + 1$ elétron $\rightleftharpoons Ag_{(s)}$	$E^0 = +0{,}80$ V
$F_2 + 2$ elétrons $\rightleftharpoons 2F^-_{(aq)}$	$E^0 = +2{,}89$ V
$Pb^{2+} + 2$ elétrons $\rightleftharpoons Pb_{(s)}$	$E^0 = -0{,}13$ V
$Cu^{2+} + 2$ elétrons $\rightleftharpoons Cu_{(s)}$	$E^0 = +0{,}34$ V
$Cl_2 + 2$ elétrons $\rightleftharpoons 2Cl^-_{(aq)}$	$E^0 = +1{,}36$ V

É importante ressaltarmos que o potencial-padrão só é válido para condições-padrão, ou seja, concentrações de 1 mol/L, 25 °C e 1 atm. Para reações fora das condições-padrão, calculamos o potencial real pela equação de Nerst, expressa na Equação 4.38:

Equação 4.38

$$E = E^0 - \frac{RT}{nF} \cdot \ln Q$$

Sendo:

- $Q = \dfrac{[\text{Produtos}_{(aq)}]}{[\text{Reagentes}_{(aq)}]}$;
- E^0 potencial-padrão;
- E potencial real;
- R constante universal dos gases $\left(\dfrac{8{,}314\ J}{R \cdot mol}\right)$;
- T temperatura (K);
- F constante de Faraday $= \left(\dfrac{96.485\ C}{mol}\right)$;
- n número de mols envolvidos.

Quando a 25 °C, a reação pode ser simplificada para:

Equação 4.39

$$E = E^0 - \dfrac{0{,}0592}{n} \cdot \log Q$$

Perceba, pela equação de Nerst (Equação 4.38), que o potencial real de uma reação de oxidação-redução varia em função do logaritmo da razão entre as concentrações dos produtos e reagentes. É essa variação que é explorada em uma curva de titulação desse tipo de volumetria.

Exemplificando

Considere a variação de potencial em função do volume gasto do titulante na titulação de 50 mL de Fe (II) 0,05 mol/L, com solução-padrão de Ce (IV) (0,1 mol/L), em meio ácido forte constante (1 mol/L). A reação global é dada pela Equação 4.40, e as semirreações e os potenciais-padrão são dados a seguir, pela Equação 4.41 e pela Equação 4.42:

Equação 4.40

$$Ce^{4+}_{(aq)} + Fe^{2+}_{(aq)} \rightleftharpoons Ce^{3+}_{(aq)} + Fe^{3+}_{(aq)}$$

Equação 4.41

$Ce^{4+}_{(aq)} + 1 \text{ elétron} \rightleftharpoons Ce^{3+}_{(aq)}$ $E^0 = +1,44$ V

Equação 4.42

$Fe^{3+}_{(aq)} + 1 \text{ elétron} \rightleftharpoons Fe^{2+}_{(aq)}$ $E^0 = +0,68$ V

Inicialmente, ainda não há íons Ce (IV) em solução para gerar uma variação no potencial. Contudo, para o exemplo em questão, é possível que pequenas quantidades de Fe(II) estejam oxidadas em Fe(III), pela presença de oxigênio do ar, isso pode gerar pequenas variações de potencial.

Antes do ponto de equivalência, por exemplo, quando 10 mL da solução-padrão são adicionados, são formados os íons Ce (III) e Fe (III); com isso, há, no sistema, quantidades significativas desses íons e mais o analito Fe (II), visto que o Ce (IV) adicionado foi totalmente consumido. Portanto, o potencial será determinado pelo par Fe (II)/Fe (III):

$$[Fe^{3+}] = \frac{V_{Ce^{4+}add} \cdot [Ce^{4+}]}{V_{total}} = \frac{0,01 \cdot 0,1}{0,06} = 0,017 \frac{mol}{L}$$

$$[Fe^{2+}] = \frac{(V_{Fe^{2+}} \cdot [Fe^{2+}] - V_{Ce^{4+}add} \cdot [Ce^{4+}])}{V_{total}} =$$

$$\frac{(0,05 \cdot 0,05) - (0,01 \cdot 0,1)}{0,06} = 0,025 \frac{mol}{L}$$

Aplicando a equação de Nerst para o par Fe (II)/Fe (III):

$$E = +0,68 - \frac{0,0592}{1} \cdot \log\frac{0,025}{0,017} = +0,67 \text{ V}$$

No PE, 25 mL da solução-padrão foram adicionados e as quantidades de Fe (II) e Ce (IV) são extremamente baixas, então, o logaritmo da relação das concentrações na equação de Nerst tende a zero. Portanto, o potencial é dado pela média ponderada entre os potenciais-padrão dos dois pares de oxidação-redução envolvidos:

Equação 4.43

$E = E^0\text{Fe(II)} / \text{Fe(III)} + E^0\text{Ce(IV)} / \text{Ce(III)}$ n. de elétrons total

$$E = \frac{(+1,44) + (+0,68)}{2} = +1,06 \text{ V}$$

Após o PE, teoricamente, todo o analito Fe (II) foi consumido, logo o potencial será definido pelo par de oxidação-redução Ce (IV)/Ce (III). Assim, é preciso calcular as concentrações molares das duas espécies e aplicar a equação de Nerst. Portanto, considerando que 25,5 mL da solução-padrão foram adicionados, temos:

$$[Ce^{3+}] = \frac{V_{Fe^{2+}} \cdot [Fe^{2+}]}{V_{total}} = \frac{0,05 \cdot 0,05}{0,0755} = 0,033 \frac{\text{mol}}{\text{L}}$$

$$[Ce^{4+}] = \frac{V_{Ce^{4+}add} \cdot [Ce^{4+}] - V_{Fe^{2+}} \cdot [Fe^{2+}]}{V_{total}} = \frac{(0,0255 \cdot 0,1) - 0,0025}{0,0755}$$

$$= 6,6 \cdot 10^{-4} \frac{\text{mol}}{\text{L}}$$

Aplicando a equação de Nerst para o par Fe (II)/Fe (III):

$$E = +1{,}44 - \frac{0{,}0592}{1} \cdot \log \frac{0{,}033}{6{,}6 \cdot 10^{-4}} = +1{,}34 \text{ V}$$

Graficamente, uma curva de titulação de óxido-redução pode ser representada pela variação do potencial do eletrodo em função do volume do titulante – nesse caso, o Ce (IV). O ponto de equivalência é obtido traçando uma reta no volume de inflexão da curva e outra reta exatamente no centro da região linear de aumento do potencial do eletrodo, como ilustrado na Figura 4.4, a seguir.

Figura 4.4 – Representação da curva de titulação de óxido-redução de Fe^{2+} por Ce^{4+}

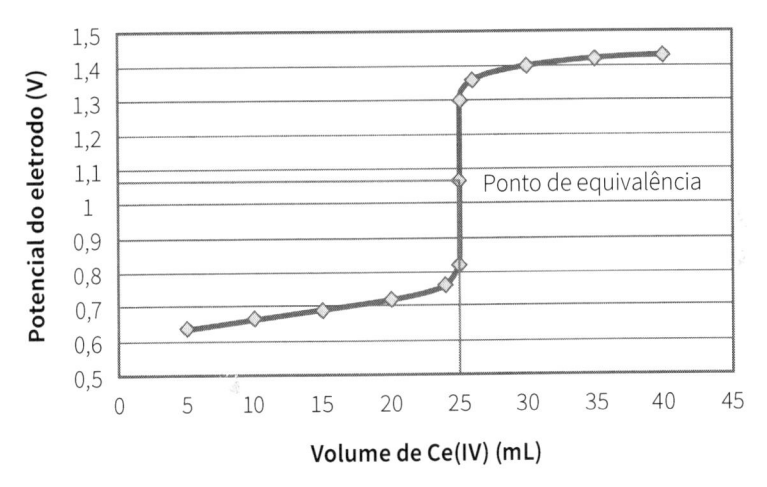

Alguns dos métodos mais importantes em volumetria de oxidação-redução são:

- permanganometria;
- iodometria;
- iodimetria;
- dicromatometria.

4.4.1 Permanganometria

Na permanganometria, o íon permanganato é utilizado como agente oxidante, e as reações de redução desse íon variam de acordo com o pH do meio, como vemos na Tabela 4.8, possibilitando diferentes aplicações.

Tabela 4.8 – Permanganometria de acordo com o pH

Semirreação	pH do meio	Potencial--padrão (V)
$MnO_4^- + 8H^+ + 5$ elétrons $\rightleftharpoons Mn^{2+} + 4H_2O$	Fortemente ácido	1,51
$MnO_4^- + 2H_2O + 3$ elétrons $\rightleftharpoons MnO_2 + 4OH^-$	Neutro	1,68
$MnO_4^- + 1$ elétron $\rightleftharpoons MnO_4^{2-}$	Fortemente básico	0,56

O íon dicromato é um reagente autoindicador do ponto final da titulação, uma vez que, ao reduzir, passa para cor púrpura intensa. Por exemplo, essa titulação pode ser utilizada na dosagem de água oxigenada (H_2O_2) por meio da seguinte reação:

Equação 4.44

$2KMnO_{4(aq)} + 3H_2SO_{4(aq)} + 5H_2O_2 \rightarrow K_2SO_{4(aq)} + 2MnSO_{4(aq)} + 8H_2O_{(l)} + 5O_{2(g)}$

A quantidade de H_2O_2 é expressa por volumes de oxigênio; isso significa que, ao se decompor, ela fornece um número X de volumes de oxigênio. Em outras palavras, uma água oxigenada com a indicação de 10 volumes libera, em sua decomposição, uma quantidade de oxigênio (O_2) 10 vezes maior do que o volume de água utilizado, portanto 1 mL de água oxigenado 10 volumes, ao se decompor, produz 10 mL de O_2. O procedimento experimental pode ser descrito de acordo com algumas etapas básicas.

Exemplificando

Preparamos uma diluição em balão volumétrico da solução cujo teor de H_2O_2 desejamos analisar; retiramos uma alíquota dessa solução preparada e juntamos com um volume conhecido de solução fortemente ácida (ex: H_2SO_4); em seguida, titulamos essa alíquota com solução-padrão de $KMnO_4$ até cor púrpura fraca persistente, indicando o final da titulação. Por fim, basta fazermos os cálculos de acordo com os exemplos descritos anteriormente.

4.4.2 Iodometria e iodimetria

Existem algumas diferenças entre a iodimetria e a iodometria: a primeira utiliza o iodo como agente oxidante em titulações diretas; a segunda utiliza outros agentes oxidantes adicionados em excesso, posteriormente, pela adição de iodeto de sódio (NaI), o iodo (I_2) gerado é titulado por um agente redutor, como o tiossulfato de sódio ($Na_2S_2O_3$).

Exemplificando

Um exemplo de determinação iodométrica é a determinação de vitamina C (ácido ascórbico) em comprimidos comerciais: o ácido ascórbico oxida, reduzindo o iodo a íon iodeto e formando o ácido dehidroascórbico; a reação precisa de um indicador que, normalmente, é uma solução de amido, que adquire cor azul intenso na presença de iodo (Equação 4.45). Em seguida, o excesso de iodo é titulado por tiossulfato de sódio, formando íon iodeto e tetrationato (Equação 4.46).

Equação 4.45

$$C_6H_8O_6 + I_{2\,(excesso)} \rightarrow C_6H_8O_6 + 2HI + I_{2\,(não\,reagiu)} \quad \text{azul intenso}$$

Equação 4.46

$$I_{2\,(não\,reagiu)} + 2S_2O_3^{2-} \rightarrow 2I^- + S_4O_6^{2-} \quad \text{incolor}$$

A iodimetria é um método largamente utilizado na indústria de bebidas para determinação de sulfitos em seus produtos. A reação, basicamente, ocorre na titulação de uma amostra contendo sulfito com iodo; havendo a oxidação do sulfito e a redução do iodo, o indicador é o mesmo e, no menor excesso do titulante, a solução ganha o tom de azul intenso

(Equação 4.47). Não é um método muito exato, visto que bebidas alcoólicas, como vinhos, apresentam cor intensa, o que dificulta a visualização do ponto final da titulação, por isso a titulação indireta, que é a iodometria, ou outros métodos, fornece informações mais confiáveis.

Equação 4.47

$$SO_3^{2-} + I_2 \rightarrow SO_4^{2-} + 2I^-$$

4.4.3 Diacromatometria

A dicromatometria baseia-se na titulação de oxidação-redução envolvendo o íon dicromato, que, em meio ácido, atua como forte agente oxidante, além de ser considerado um padrão primário em análises gravimétricas.

Exemplificando

Essa reação pode ser utilizada na determinação de etanol, mudando o estado de oxidação (e cor) dos compostos de cromo e oxidando o etanol (álcool) à etanal (aldeído). Como o próprio titulante produz mudanças físicas (cor) no sistema, não há necessidade de indicador secundário (Equação 4.48).

Equação 4.48

$$Cr_2O_7^{2-} + 3CH_3CH_2OH + 11H^+ \rightarrow 2Cr^{3+} + 3CH_3CH_2O + 7H_2O$$

Alaranjado   Verde

4.5 Aula prática 2: preparo e padronização de soluções diluídas de ácidos e bases

Normalmente, ácidos e bases não se enquadram na classificação de padrões primários, no entanto, após serem padronizados por padrões primários; podem ser utilizados como secundários. Nesse sentido, um ácido ou uma base que sejam um padrão secundário podem ser utilizados para titular um ácido ou uma base de concentração desconhecida, o que é possível com base nos conhecimentos desenvolvidos neste capítulo, principalmente, nas Seções 4.2 e 4.3.

Importante!

Relembrando brevemente o conceito geral de uma titulação ácido-base, temos que ambos os reagentes neutralizam as propriedades um do outro e formam, como produtos, um sal e água; contudo, é necessário considerar a relação estequiométrica de íons H^+ e OH^- para que a neutralização seja total, se assim for o interesse do experimento.

Quando os íons H^+ e OH^- estão em solução na mesma unidade de concentração de $1 \cdot 10^{-7}$, temos, então, uma solução neutra; porém, à medida que a concentração de íons H^+ aumenta, a solução passa a se tornar ácida e, à medida que a concentração de íons OH^- aumenta, a solução passa a se tornar básica.

A reação ainda precisa contar com um indicador ácido-base e, assim como descrito na Seção 4.1, deve ser escolhido de acordo com o pH do ponto de viragem. Para as titulações dessa prática, a fenolftaleína é um bom indicador – embora não seja excelente, é de baixo custo e fornece dados próximos ao ponto de equivalência.

4.5.1 Objetivos gerais e específicos

Nesta aula prática, aplicaremos os conceitos de titulação ácido-base na padronização de soluções diluídas dessas espécies. Mais especificamente, por meio de uma solução-padrão de NaOH, padronizaremos uma solução de HCl e, por meio dessa solução de HCl, já padronizada, padronizaremos uma solução de KOH.

4.5.2 Materiais e métodos

Utilizamos três soluções em duas titulações diferentes:

- uma solução-padrão de NaOH 0,100 mol/L;
- duas soluções não padronizadas de HCl e KOH, que são preparadas;
- teoricamente, para concentração 0,100 mol/L.

Os aparatos e vidrarias são comuns para as duas titulações:

- erlenmeyer (250 mL);
- bequer (100 mL);
- pipeta volumétrica (10 mL);
- bureta (50 mL);

□ suporte universal;
□ garras metálicas.

Para os dois casos, devemos montar o aparato, de acordo com a Figura 4.1, e as demais vidrarias serão utilizadas adicionalmente.

4.5.2.1 Titulação da solução de HCl com NaOH

Com o auxílio de um béquer, reservamos cerca de 60 mL da solução-padrão de NaOH; em seguida, lavamos a bureta com uma pequena quantidade da solução-padrão, descartando a solução posteriormente. Em seguida, preenchemos a bureta com a solução-padrão, inclusive, removendo bolhas de ar que possam estar presentes logo após a torneira da bureta, e, então, é aferido o zero desse instrumento. Com o auxílio de uma pipeta volumétrica, são transferidos, exatamente, 10 mL da solução de HCl não padronizado para um erlenmeyer e adicionamos cerca de 50 mL ao erlenmeyer, apenas para facilitar a titulação e a observação do ponto final; também são adicionadas três gotas do indicador ácido-base fenolftaleína.

Por fim, com uma das mãos, agitamos a solução em movimentos circulares em torno da base do suporte universal, e, com a outra mão, abrimos a torneira da bureta sutilmente, de modo a gotejar, aos poucos, a solução-padrão de NaOH. Quando a solução do béquer passar de incolor para o primeiro tom de rosa persistente à agitação, fechamos a torneira e o volume gasto de NaOH é anotado.

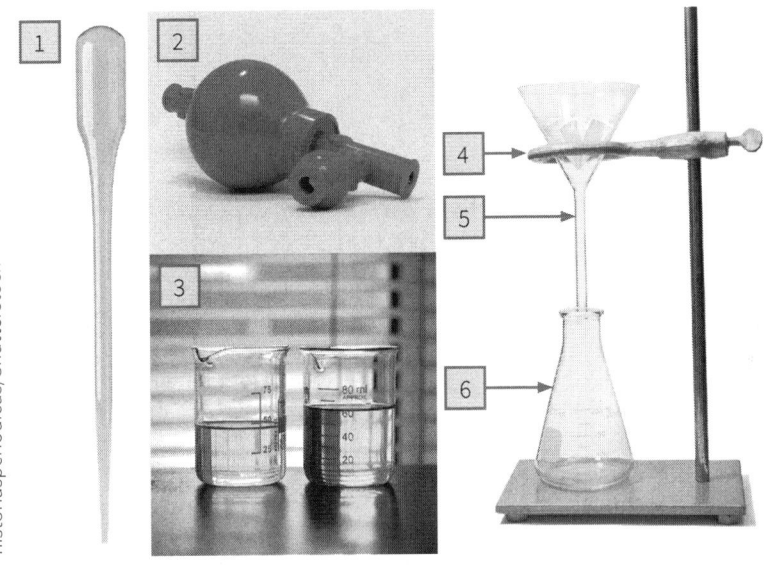

Figura 4.5 – Fotos representativas das vidrarias básicas e montagem do aparato para titulação

1 - pipeta. 2 - pipetador. 3 - béquer. 4 - garra. 5 - bureta. 6 - erlenmeyer.

A tabela a seguir apresenta dados demonstrativos do procedimento realizado em triplicata, o que possibilita os cálculos da média e desvio-padrão.

Tabela 4.9 – Valores demonstrativos de volume gasto de NaOH para cálculo da concentração de HCl

Réplica	Volume de gasto de NaOH (L ou mL)	Concentração de HCl (mol/L)
1	11,0	
2	10,2	
3	11,5	

Para obter os valores de concentração de HCl, basta utilizar a fórmula que relaciona o número de mols dos dois reagentes; como no caso da reação, há uma relação estequiométrica de 1 mol para 1 mol, então:

0,1 mol/L · V (volume em mL gasto de NaOH) = C · 10 mL

$$C \text{ (ácido)} = \frac{0{,}1\,\text{mol/L} \cdot \text{(volume em mL gasto de NaOH)}}{10\,\text{mL}}$$

Calculamos a média dos valores que será utilizada para a titulação seguinte e também o fator de correção (*fc*) da concentração do HCl, que é obtido pela relação entre concentração real (encontrada) e concentração teórica:

Equação 4.49

$$fc = \frac{C_{real}}{C_{teórica}}$$

4.5.2.2 Titulação da solução de KOH com HCl

A segunda titulação é bastante parecida com a primeira; porém, agora, a solução a ser padronizada é a de KOH e a solução-padrão é a solução de HCl anteriormente padronizada.

Com o auxílio de um béquer, reservamos cerca de 60 mL da solução-padrão de HCl; em seguida, lavamos a bureta com uma pequena quantidade da solução-padrão, descartando a solução posteriormente. Em seguida, preenchemos a bureta com a solução-padrão, inclusive, removendo bolhas de ar que possam estar presentes logo após a torneira da bureta, e, então, é aferido o zero da bureta.

Com o auxílio de uma pipeta volumétrica, transferimos, exatamente, 10 mL da solução de KOH não padronizado para um erlenmeyer e adicionamos cerca de 50 mL ao erlenmeyer, apenas para facilitar a titulação e a observação do ponto final; também são adicionadas três gotas do indicador ácido-base fenolftaleína.

Por fim, com uma das mãos, agitamos a solução em movimentos circulares em torno da base do suporte universal, e, com a outra mão, abrimos a torneira da bureta sutilmente, de modo a gotejar, aos poucos, a solução-padrão de HCl. Quando a solução do béquer passar de rosa para o primeiro tom de rosa incolor persistente à agitação, fechamos a torneira e anotamos o volume gasto de HCl. A tabela a seguir mostra dados demonstrativos do procedimento realizado em triplicata, o que possibilita os cálculos da média e desvio-padrão.

Tabela 4.10 – Valores demonstrativos de volume gasto de HCl padronizado para cálculo da concentração de KOH

Réplica	Volume gasto de HCl (L ou mL)	Concentração de KOH (mol/L)
1	10,0	
2	10,1	
3	10,5	

Podemos realizar cálculo análogo ao da titulação anterior para determinação da concentração de KOH, lembrando que, agora, a solução-padrão é a de HCl. Portanto:

n(HCl) = n(KOH)

C · V(HCl) = C · V(KOH)

Síntese

Neste capítulo, abordamos alguns princípios fundamentais na **análise volumétrica**, que se baseia, primordialmente, na comparação entre o volume de uma solução-padrão de concentração conhecida com o volume de uma solução de concentração desconhecida, e, então, por meio de uma relação e reação estequiométrica conhecida, é possível determinar a concentração desta última solução.

Entre os quatro principais tipos de volumetria, abordamos dois neste capítulo: o primeiro deles envolvendo **titulações ácido-base**, que pode incluir tanto a relação de ácidos e bases fortes com ácidos fracos e bases fortes quanto ácidos fortes e bases fracas. Trata-se de titulações importantes em análises rotineiras em laboratórios em diversos métodos e determinações. Um exemplo é a padronização de soluções para se conhecer, exatamente, a concentração de uma base ou um ácido, visto que a grande maioria desses compostos não é classificada como padrão primário.

Outro tipo de volumetria que estudamos neste capítulo foi a de **oxidação-redução**, na qual deve existir um par de semirreações: em uma delas, haverá a liberação de elétrons (oxidação) e, em outra, a captura desses elétrons (redução). Entre os métodos pertencentes a essa volumetria, podemos destacar a permanganometria, que utiliza íons permanganato com agente titulante, a iodimetria e iodometria, que utiliza iodo com agente titulante envolvendo reações tanto diretas como indiretas e também a dicromatometria, que utiliza o íon dicromato como agente titulante.

Em ambos os casos, há a necessidade de utilização de indicadores do ponto final da titulação: para ácidos e bases convencionais, é sempre necessária a utilização de um indicador diferente dos componentes dos reagentes; todavia, nas titulações de oxidação-redução, em alguns casos, o próprio agente titulante fornece a indicação do ponto final da titulação, modificando sua cor. Um exemplo disso é o íon dicromato, que modifica sua cor ao formar cromo (III).

Figura 4.6 – Representação esquemática da síntese do capítulo

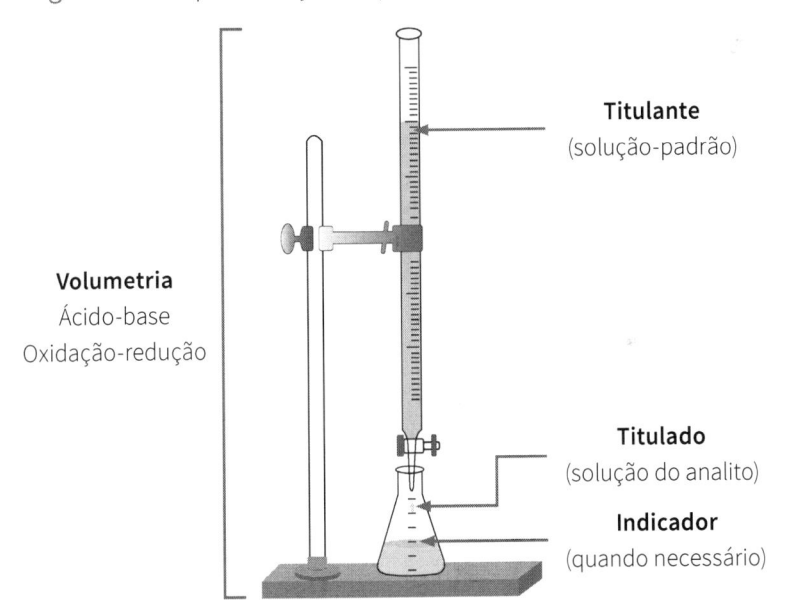

Volumetria
Ácido-base
Oxidação-redução

Titulante
(solução-padrão)

Titulado
(solução do analito)

Indicador
(quando necessário)

Maiapassarak/Shutterstock

Atividades de autoavaliação

1. Um laboratorista construiu um gráfico de pH em função do volume de titulante durante uma titulação ácido-base e observou o ponto de equivalência de pH igual a 5,1. Qual dos seguintes indicadores é o mais adequado para essa titulação?
   a) Púrpura de m-cresol (intervalo de viragem 1,2-2,8).
   b) Vermelho de metila (intervalo de viragem 4,4-6,2).
   c) Tornassol (intervalo de viragem 5,0-8,0).
   d) Timolftaleína (9,3-10,5).
   e) Não há necessidade de indicador ácido-base.

2. Analisando duas curvas de titulação com ponto de equivalência iguais a 7,8 e 7,0, é possível afirmar que se trata de curvas de titulação de:
   a) ácido-base fortes em ambas.
   b) ácido forte – base fraca e ácido-base fortes, respectivamente.
   c) oxidação-redução.
   d) ácido forte – base fraco em ambas.
   e) ácido fraco – base forte e ácido-base fortes, respectivamente.

3. Na titulação de uma amostra de 15 mL de NaOH de concentração desconhecida, utilizou-se uma solução-padrão de H_2SO_4 0,1 mol/L, gastando um volume de 15 mL. Qual é a concentração da base (NaOH)?
   a) 0,05 mol/L.
   b) 0,20 mol/L.

c) 0,10 mol/L.
d) 5,00 mol/L.
e) 0,05 mL.

4. Um laboratorista preparou uma solução de HCl 0,1 mol/L. No entanto, como não se trata de um padrão primário, a solução precisa ser padronizada. Para isso, o profissional utilizou uma solução-padrão de NaOH 0,1 mol/L, gastando 12, 11 e 11,5 mL dessa solução em titulação em triplicata de 10 mL da solução de HCl preparada. Qual a concentração real e o fator de correção da solução de HCl, respectivamente?
   a) 0,10 mol/L e fc = 1.
   b) 0,11 mol/L e fc = 1,1.
   c) 0,12 mol/L e fc = 1,2.
   d) 0,345 mol/L e fc = 3,45.
   e) 0,11 mol/L e fc = 0,91.

5. Em uma titulação de **oxidação-redução**, o número de elétrons **doados** tem de ser igual ao número de elétrons recebidos, e alguns dos reagentes titulantes são **autoindicadores** no ponto final da titulação. Analise os termos destacados e os julgue como verdadeiros ou falsos no contexto do enunciado, em seguida, marque a sequência obtida:
   a) F, F, F.
   b) V, F, V.
   c) V, V, V.
   d) F, V, V.
   e) V, V, F.

Atividades de aprendizagem

Questões para reflexão

1. Titulações ácido-base e de oxidação-redução são muito importantes para a indústria na determinação de padrões de qualidade dos produtos. Um exemplo disso é a titulação do leite para determinação de acidez total. Quais outros exemplos de aplicações dos conteúdos vistos no capítulo podem fazer parte de rotinas de laboratórios industriais na determinação de padrões de qualidade? Busque saber mais detalhes sobre os processos.

2. Grande parte dos resíduos ácido e básicos, muitas vezes produzidos em grande escala em indústrias, não precisa ser estocada em recipientes específicos ou lagoas de contenção, mas pode ser descartada quando cumpridos alguns requisitos e medidas. Busque saber qual a legislação em vigor sobre o tema e quais os processos e requisitos finais do resíduo para que ele possa ser descartado.

Atividade aplicada: prática

1. Em que situação, no cotidiano, é possível observar o uso de princípios de volumetria de ácido-base e de oxidação-redução? Encontre exemplos e escolha um deles para estudar em detalhes.

Capítulo 5

Complexometria

Neste capítulo, vamos abordar os princípios dos métodos de análise complexométrica (ou por complexação), bem como seus fundamentos, tipos de ligantes, complexos e aplicações gerais.

Vamos apresentar os princípios da complexometria, a seletividade do EDTA e os indicadores específicos, além de analisar os princípios da complexometria em função da solubilidade. Também abordaremos os princípios dos métodos de Mohr, Fajan e Volhard e suas aplicações para a análise complexométrica.

Ao final do capítulo, por meio de uma aula prática demonstrativa, vamos demonstrar como determinar a concentração de Ca e Mg em uma amostra de água, utilizando técnicas complexométricas de análise.

5.1 Fundamentos da complexometria

O que é

Em continuação à volumetria, trataremos agora da complexometria, uma técnica volumétrica muito útil na determinação de uma série de íons metálicos. O processo baseia-se, basicamente, na formação de um complexo estável entre o analito e o agente titulante. Normalmente, é necessário o uso de indicadores que, igualmente, formam complexos com o analito e que apresentam cor, ou mudança de cor, indicando o ponto final da titulação.

Na formação de um complexo, existem sempre os ácidos de Lewis, que aceitam par de elétrons, e as bases de Lewis, que doam pares de elétrons. Analisando o exemplo do complexo cisplatina, ou diamindicloroplatina (II), representado na Figura 5.1, que é utilizado no tratamento de alguns tipos de câncer, essa estrutura é formada pela platina, sendo o átomo aceitador de pares de elétrons, portanto o ácido de Lewis, dois grupos amina (NH_3) e cloro (Cl^-), que são doadores de pares de elétrons, portanto bases de Lewis da estrutura formada.

Figura 5.1 – Representação do complexo cisplatina

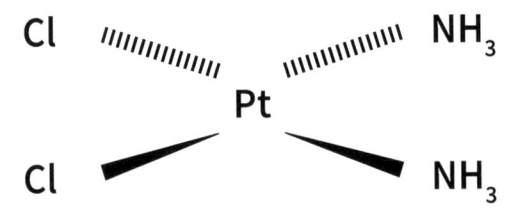

$$Cl \overset{\shortmid\shortmid\shortmid\shortmid\shortmid\shortmid\shortmid\shortmid\shortmid}{\underset{Cl}{\diagdown}} \underset{Pt}{} \overset{\shortmid\shortmid\shortmid\shortmid\shortmid\shortmid\shortmid\shortmid\shortmid}{\underset{\diagup}{}} NH_3$$

Em geral, os ácidos de Lewis, em complexos, são cátions metálicos e os ligantes podem variar bastante. Os ligantes mais simples se ligam ao metal, unicamente, por um átomo e são chamados de *monodentados* (exemplos: Cl^-, NH_3, piridino etc.); já ligantes que podem se ligar ao metal com mais átomos são chamados de *polidentados*, como é o caso do ácido etilenodiamino tetra-acético (EDTA), que forma o caso mais simples de complexos, ou seja, do tipo 1:1. Sobre esse assunto, a ilustração na Figura 5.2.

Figura 5.2 – Representação da molécula de EDTA

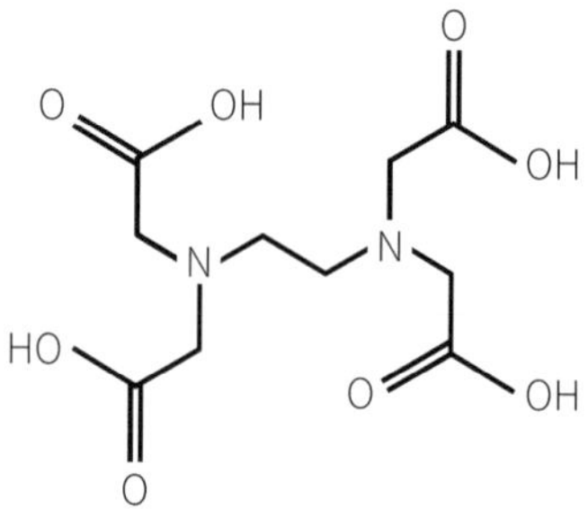

Quanto maior a constante de formação (*Kf*), ou constante de estabilidade de um complexo, maior será sua estabilidade, ou seja, a forma *ML* será predominante. Ela pode ser obtida pela divisão da concentração do complexo [*ML*] pelo produto das concentrações do metal [*M*] e do ligante [*L*], como expressa a Equação 5.1:

Equação 5.1

$$Kf = \frac{[ML]}{[M] \cdot [L]}$$

Na prática, ligantes monodentados não são muito eficientes em uma titulação complexométrica, pois a grande maioria dos metais precisa de quatro a seis pontos de pares de elétrons (número de coordenação) e, para cada ligante monodentado que se liga ao metal, há uma constante de formação diferente e próxima. Além disso, são complexos com constantes de formação global não suficientemente grandes, o que dificulta a observação do ponto de equivalência. Todavia, ligantes monodentados podem ser bem empregados em titulações de metais com número de coordenação igual a dois. É importante ressaltarmos que, para cada ligante L, há uma constante Kf, assim, de modo geral, podemos expressá-la pela Equação 5.2:

Equação 5.2

$$M_{(aq)} + L_{(aq)} \rightleftharpoons ML_{(aq)} \quad \beta 1 = Kf_1 = \frac{[ML]}{[M] \cdot [L]}$$

$$M_{(aq)} + 2L_{(aq)} \rightleftharpoons ML_{2(aq)} \quad \beta 2 = Kf_1 \cdot Kf_2 = \frac{[ML_2]}{[M]}$$

$$M_{(aq)} + 3L_{(aq)} \rightleftharpoons ML_{3(aq)} \quad \beta 3 = Kf_1 \cdot Kf_2 \cdot Kf_3 = \frac{[ML_3]}{[M]}$$

$$M_{(aq)} + nL_{(aq)} \rightleftharpoons ML_{n(aq)} \quad \beta n = Kf_1 \cdot Kf_2 \ldots Kf_n = \frac{[ML_n]}{[M]}$$

Sendo β o produto das Kfs individuais.

Outro cálculo importante envolvendo a formação de complexos é a fração da concentração do metal que existe em determinada forma, chamado de *valor alfa* (α). Portanto, αM refere-se à fração total do metal que está na forma livre quando, no equilíbrio, αML refere-se à fração total do metal que está na forma de ML, e desse modo em diante.

Equação 5.3

$$\alpha M = \frac{[M]}{C_M} \quad \alpha ML = \frac{[ML]}{C_M} \quad \alpha ML_2 = \frac{[ML_2]}{C_M} \quad \alpha ML_n = \frac{[ML_n]}{C_M}$$

Sendo C_M a concentração total do metal e pode ser expressa pela Equação 5.4.

Equação 5.4

$$C_M = [M] + [ML] + [ML_2] + \ldots + [ML_n]$$

Um fator que afeta alguns tipos de complexação é o pH, principalmente, quanto à disponibilidade do ligante L.

Exemplificando

O íon metálico Fe^{3+} forma complexos com o íon oxalato ($C_2O_4^{2-}$), gerando os complexos: $[FeC_2O_4]^+$, $[Fe(C_2O_4)_2]^-$, $[Fe(C_2O_4)_3]^{3-}$. Todavia, o íon oxalato é capaz de ser protonado, formando $C_2O_4H^-$, $C_2O_4H_2$. Portanto, a formação do complexo entre oxalato e íons ferro é favorecida em pH básico, pois, à medida que o pH se torna ácido, ocorre a dissociação do complexo pela protonação do íon oxalato.

Assim como para o metal, é possível verificar a fração da concentração do ligante em determinada forma; para isso, utilizamos equações análogas às aplicadas para o metal, ou seja, para o exemplo do íon oxalato, temos:

Equação 5.5

$$\alpha_0 = \frac{[C_2O_4H_2]}{C_T} \qquad \alpha_1 = \frac{[C_2O_4H^-]}{C_T} \qquad \alpha_2 = \frac{[C_2O_4^{2-}]}{C_T}$$

Sendo CT a concentração total do ligante, que pode ser expressa pela Equação 5.6:

Equação 5.6

$$C_T = [C_2O_4H_2] + [C_2O_4H^-] + [C_2O_4^{2-}]$$

Note que α_2 é o de maior interesse na formação de complexo, pois ele representa a fração da concentração de ligantes livres para a complexação. Quando a formação do complexo é influenciada nesse sentido, é importante levarmos em consideração uma constante condicional ou de formação efetiva. Isso facilita os cálculos envolvidos, uma vez que a concentração total de ligante pode ser facilmente conhecida e, de modo contrário, a concentração de ligantes livres não.

O cálculo para a constante de formação do complexo $[FeC_2O_4]^+$ (K_1) em questão pode ser descrito pela Equação 5.7:

Equação 5.7

$$K_1 = \frac{[FeC_2O_4]^+}{[Fe^{3+}] \cdot [C_2O_4^{2-}]} = \frac{[FeC_2O_4]^+}{[Fe^{3+}] \cdot \alpha_2 C_T}$$

Como α_2 é uma constante para um dado valor de pH, é possível fazer uma combinação com K_1 e, com isso, formar nova constante condicional, que podemos chamar de $K_{1'}$:

Equação 5.8

$$K_{1'} = K_1 \cdot \alpha_2 = \frac{[FeC_2O_4]^+}{[Fe^{3+}] \cdot C_T}$$

Em titulações complexométricas rotineiras, normalmente optamos por ligantes polidentados, que reagem com o íon metálico em uma única etapa com constante de formação alta, possuindo o que chamamos *efeito quelante*. Em comparação com ligantes monodentados, eles são mais seletivos, e tal característica é definida pela geometria do ligante e elemento químico, em que ocorre a ligação metal-ligante.

Embora existam muitos exemplos de ligantes polidentados que podem ser utilizados – como o ácido nitrilotriacético (NTA), o ácido trans-1,2-diaminocicloexanotetracético (DCTA), o ácido dietilenotriaminopentacético (DTPA) e o ácido bis-(2-aminoetil) etilenoglicol-NNN'N'-tetracético (EGTA) –, o mais utilizado deles é o etilenodiaminotetracético (EDTA).

O EDTA apresenta 6 átomos doares de pares de elétrons: 4 são átomos de oxigênio dos grupos carboxílicos e 2 são átomos de nitrogênio. Ele forma complexos do tipo 1:1 com metais, ou seja, cada átomo de metal se liga a uma molécula de EDTA, formando um quelato estável.

5.2 Titulações com EDTA

Como já demonstramos, o EDTA (simbolizado por H_4Y) é um ligante hexadentado (possui 6 pontos possíveis de ligação com um íon metálico) e é também um poliácido, tendo quatro hidrogênios ionizáveis, o que permite a obtenção de diferentes formas destes: H_4Y, H_3Y^-, H_2Y^{2-}, HY^{3-}, Y^{4-}.

Embora todas essas espécies possam formar complexos com um íon metálico, arbitrariamente, utilizamos a forma Y^{4-} para representar a reação, como expresso pela Equação 5.9, e a sua constante de formação, Equação 5.10:

Equação 5.9

$$M^{n+} + Y^{4-} \rightleftharpoons MY^{n-4}$$

Equação 5.10

$$Kf = \frac{[MY^{n-4}]}{[M^{n+}] \cdot [Y^{4-}]}$$

Todavia, mais uma vez, o pH exercerá forte influência na eficiência e na reatividade do EDTA com íons metálicos. Quando em pH básico (pH 10), os hidrogênios das carboxilas do EDTA são ionizados pela reação com ânions hidroxila (OH$^-$) e, nessa circunstância, a maioria dos íons metálicos reage estequiometricamente com o EDTA, porém, em pH ácido (pH 2), o íon metálico deve ser capaz de deslocar os hidrogênios ionizáveis do EDTA. Entretanto, isso só acontece para poucos casos, como o Fe^{3+} e o Hg^{2+}.

Importante!

É importante termos cuidado com relação à utilização de pH básico no meio, pois muitos metais tendem a formar hidróxidos insolúveis à medida que o pH se tornam fortemente básico. Portanto, para evitar ou diminuir esses inconvenientes, normalmente, realizamos a titulação com EDTA em soluções tamponadas, que vão minimizar as variações de pH ao longo da reação de complexação. O pH, nesse caso, é mantido o menor possível para a reação, para evitar a formação de hidróxidos.

As formas comerciais disponíveis de EDTA são: o ácido livre, contendo todos os hidrogênios ionizáveis ligados (H_4Y), e o sal dissódico, em que dois hidrogênios já foram substituídos por átomos de sódio (Na_2H_2Y). A segunda forma é consideravelmente mais solúvel em água do que a primeira, por isso, normalmente, o sal dissódico é mais empregado para preparação de soluções de EDTA. Para utilização do ácido livre, sua solubilização aumenta em solução diluída de NaOH. O sal comercial, após seco em estufa a 80 °C, tem fórmula química conhecida e estável ($Na_2H_2Y.2H_2O$); contudo, para ser utilizado como padrão, deve ser purificado ou padronizado com um padrão primário.

Por reagir com quase todos os cátions metálicos, as titulações com EDTA não são seletivas. Alguns mecanismos são utilizados para melhorar a seletividade da reação (por exemplo, ajuste do pH do meio e a adição de agentes complexantes auxiliares). Entre os principais métodos de titulação de complexação com EDTA, podemos destacar:

- titulação direta;
- titulação de retorno;
- titulação de substituição;
- determinações indiretas.

5.2.1 Titulação direta

A maior parte dos cátions pode ser titulada de forma direta (cerca de 40), e os indicadores Eriocromo T, Calmagita e Arzenazo I podem ser utilizados. Complexos menos estáveis, como os formados entre o EDTA e o Ca^{2+} ou Mg^{2+}, precisam ser formados em soluções tamponadas básicas. Já em alguns casos, na formação de complexos bastante estáveis, é possível utilizar pH básico ou ácido. Para evitar a precipitação de hidróxidos, comumente são utilizados agentes complexantes adicionais, como citratos ou tartaratos.

Nem todos os cátions têm um indicador adequado para a titulação, como é o caso, por exemplo, do cálcio e do magnésio.

Nessa situação, os indicadores fornecem resultados satisfatórios para o magnésio, mas não para o cálcio. A estratégia é adicionar $MgCl_2$ em pequenas quantidades na solução de EDTA, antes de ela ser padronizada; a solução, então padronizada, será uma mistura de MgY^{2-} e Y^{4-}. O cálcio forma um complexo mais estável com o EDTA do que o magnésio, com isso, à medida que o titulante é adicionado, o cálcio desloca o magnésio contido na forma MgY^{2-} e a solução contendo o indicador passa de azul para vermelho, com a formação do complexo $MgIn^-$. O ponto final da titulação é observado com certa quantidade a mais de EDTA, que consegue deslocar o magnésio contido em $MgIn^-$ para a forma MgY^{2-}, e, assim, a solução passa novamente a se tornar azul.

Exemplificando

Imagine que desejamos conhecer o teor de magnésio de uma amostra de leite em pó. Para isso, 1,00 g do produto foi adequadamente dissolvido em balão de 500 mL, garantindo que o conteúdo de magnésio estivesse na forma iônica (Mg^{2+}). Foi separada uma alíquota de 50 mL da solução contendo o analito, que foi titulada com uma solução de EDTA 0,01 mol/L, gastando um total de 37,6 mL.

Para calcularmos o teor de magnésio na amostra, precisamos conhecer a reação química estequiométrica entre o Mg^{2+} e o EDTA, bem como realizar a comparação do número de mols no ponto de equivalência pelo mesmo tipo de fórmula utilizada nas titulações ácido-base. Em seguida, sabendo a concentração do analito na solução preparada e a massa molar do magnésio

(24,31 g/mol), basta realizarmos uma sequência de regras de três para obtermos o teor percentual de magnésio em relação à amostra original, ou seja:

Equação 5.11

$1Mg^{2+} + 1EDTA \rightleftharpoons 1Mg - EDTA$

Analisando a equação, temos que a proporção estequiométrica entre os íons magnésio e EDTA é de 1:1. Portanto, portanto a relação do número de mols de magnésio para o exemplo em questão será igual ao número de mols de EDTA. Logo:

$$C \frac{mol}{L} \cdot 50 \text{ mL} = 0,01 \frac{mol}{L} \cdot 37,6 \text{ mL}$$

$$C \frac{mol}{L} = 0,00752 \frac{mol}{L}$$

Como os 50 mL da solução são uma alíquota dos 500 mL, ambos os volumes estão na mesma concentração. Todavia, para calcularmos o número de mols total, precisamos levar em consideração o volume total, que é 500 mL; em seguida, calculamos o valor correspondendo em massa (g) do número de mols calculado e, por fim, uma regra de três para saber o teor percentual, assim:

$$n(Mg^{2+}) = C \cdot V(L) = 0,00752 \frac{mol}{L} \cdot 0,500 \text{ L} = 0,00376 \text{ mol}$$

$$n(Mg^{2+}) = \frac{m}{MM}$$

$$m = n(Mg^{2+}) \cdot MM = 0,00376 \text{ mol} \cdot 24,31 \frac{g}{mol} = 0,0914 \text{ g}$$

1,00 g ---------------- 100%

0,0914 g ---------------- X%

X% = 9,14% de magnésio na amostra de leite em pó

Importante

Os principais fatores que tornam a titulação direta inviável são relacionados com reações lentas entre o analito e o EDTA; a solubilidade do analito no meio de titulação, quando não há um indicador possível de ser utilizado.

5.2.2 Titulação de retorno

A titulação de retorno é bastante útil, particularmente, para cátions metálicos que formam complexos estáveis com o EDTA e que não dispõem de indicadores adequados para a titulação; aplica-se também em alguns casos quando a reação de complexação é lenta, como é o caso do Cr^{3+} e o Co^{3+}. Nesses casos, utiliza-se excesso de solução-padrão de EDTA que consome todo o analito livre, formando um complexo estável, e o excesso de EDTA que não reagiu com o analito é, então, titulado com uma solução-padrão de zinco ou magnésio utilizando como indicadores Eriocromo T ou Calmagita. Esse método é bastante eficiente quando a amostra apresenta ânions que formariam sais pouco solúveis com o analito, pois o excesso de EDTA previne a precipitação. Todavia, é necessário que a formação do complexo analito-EDTA seja mais estável que os complexos Mg-EDTA ou Zn-EDTA.

Exemplificando

Na determinação do teor de cobalto em amostras de vitamina B12 (em que o cobalto faz parte da estrutura), suponha que 1,00 g de uma amostra devidamente dissolvida, garantindo que os íons cobalto estivessem livres em solução de 50 mL que foi titulada com EDTA em excesso, respectivamente, 80 mL de EDTA de concentração 0,1 mol/L. A quantidade de EDTA que não foi utilizada para formar complexo com o analito foi, então, titulada com 60 mL de solução-padrão de Zn^{2+} (0,1 mol/L). Para saber o teor de cobalto na amostra de vitamina B12, é preciso, primeiramente, calcular o número de mols total de EDTA adicionado e descontar do número de mols de EDTA que não reagiu com o analito (EDTA em excesso) e foi obtido pela titulação com a solução-padrão de zinco, logo:

$$n(EDTA)_{Total} = C \cdot V = 0,1 \frac{mol}{L} \cdot 0,08\ L = 0,008\ mols$$

$$n(EDTA)_{Total} = C_{Zn^{2+}} \cdot V_{Zn(gasto)} = 0,1 \frac{mol}{L} \cdot 0,06\ L = 0,006\ mols$$

Portanto, o número de mols de EDTA que, efetivamente, reagiu com a analito (EDTA analito) é:

$$n(EDTA)_{Analito} = n(EDTA)_{Total} - n(EDTA)_{Total} = 0,002\ mols$$

Como a reação de complexação entre íons metálicos e EDTA é de 1:1, no ponto de equivalência, o número de mols de EDTA será igual ao número de mols do analito, do cobalto. No caso do exemplo, então, sabendo que a massa molar (*MM*) do cobalto é 58,93 g/mol, basta transformar o número de mols em valores para massa (g) e, por regra de três, calcular o valor percentual, ou seja:

$n(EDTA)_{Analito} = n(Co^{2+})$

$n(Co^{2+}) = \dfrac{m}{MM}$

$m = n(Co^{2+}) \cdot MM = 0{,}002 \text{ mol} \cdot 58{,}93 \dfrac{g}{mol} = 0{,}1179 \text{ g}$

1,00 g ---------------- 100%

0,1179 g ---------------- X%

X% = 11,8% de cobalto na amostra vitamina B12 comercial

5.2.3 Titulação de substituição

Um método mais particular de titulação com EDTA é a **titulação de substituição**. Nela, utilizamos o excesso de solução-padrão do complexo Mg-EDTA adicionado à solução contendo o analito. Contudo, é necessário que o cátion metálico de interesse (analito) forme complexo mais estável com o EDTA do que o cátion Mg^{2+}. Desse modo, o analito deslocará o Mg^{2+} para a solução que, posteriormente, pode ser titulado com uma solução-padrão de EDTA, novamente, utilizando como indicador Eriocromo T ou Calmagita.

É um método também utilizado quando, para o analito, não há indicador adequado e fornece a sua concentração pela relação com a concentração de Mg^{2+} deslocado e titulado. Os cálculos são bastante parecidos com os realizados para titulações diretas ou de retorno. No entanto, agora, a concentração e porcentagem do analito são diretamente proporcionais à concentração dos íons Mg^{2+} que foram deslocados para a solução e, posteriormente, titulados com EDTA.

5.2.4 Titulação indireta

Ainda há outra série de métodos chamados *indiretos*, que utilizam a titulação de EDTA. Para determinação de analitos, ressaltamos, por exemplo, a determinação de sódio via precipitação na forma de acetato tríplice, e, então, o íon zinco pode ser titulado por EDTA.

O fosfato precipita facilmente na forma de estruvita ($NH_4MgPO_4 \cdot 6H_2O$), com a posterior dissolução em ácido clorídrico, então, os íons Mg^{2+} podem ser titulados e determinados pela titulação com EDTA, que fornece, por relação estequiométrica da fórmula da estruvita, a quantidade de fosfato presente.

O ânion sulfato pode ser determinado, indiretamente, pela precipitação em um excesso conhecido de solução-padrão de bário. O excesso de bário é, então, titulado com EDTA; pela relação entre a quantidade adicionada de solução de bário e a quantidade titulada, é possível determinar a concentração de sulfato, pois o precipitado sulfato de bário ($BaSO_4$) apresenta fórmula química conhecida e estequiométrica.

Os indicadores mais utilizados nas titulações com EDTA são: Negro de Eriocromo T, Calmagita, Arsenazo I, Alaranjado xilenol, Murexida e Calcon.

- **Negro de Eriocromo T**: mais antigo deles, deve ser utilizado na faixa de pH entre 7 e 11; quando não está ligado ao cátion metálico, apresenta cor azul intensa e forma, com cerca de 30 metais, complexos vermelhos. Todavia, grande parte desses complexos não possui estabilidade suficiente para detectar o ponto final da titulação apropriadamente. Já para os cations Mg^{2+}, Ca^{2+}, Cd^{2+}, Zn^{2+} e Pb^{2+}, é um excelente indicador; para outros casos, como para Al^{3+}, Cu^{2+}, Fe^{3+} e Ni^{2+}, a formação do complexo é extremamente estável, a ponto de impedir a verificação do ponto final da titulação. Portanto, soluções que apresentam esses cátions podem gerar interferências na visualização do ponto final e, por isso, precisam ser isolados.
- **Calmagita**: possui estrutura parecida com a do Negro de Eriocromo T e apresenta um ponto positivo em relação a ela, pois é mais estável em solução; desse modo, vem sendo mais utilizada do que o Negro de Eriocromo T.
- **Arsenazo I**: muito utilizado em titulações de terras-raras e apresenta um diferencial com relação aos dois primeiros, pois não se torna inviável na presente de Cu^{2+} e Fe^{3+}, o que o torna potencialmente aplicável às titulações de íons Ca^{2+} e Mg^{2+}.

- **Alaranjado de xilenol**: é bastante empregado na titulação direta de Bi^{3+} e Th^{4+} e em outras titulações de retorno, utilizando solução-padrão de Bi^{3+}. Diferentemente da grande maioria dos indicadores, ele pode ser utilizado em sistemas ácidos, passando da cor amarela, quando livre, para vermelho, ou violeta, quando complexado.
- **Murexida**: indicador estável em solução aquosa e, por isso, preferencialmente, utilizamos a dispersão sólida do indicador na presença de cloreto de sódio. Nas titulações, é frequentemente utilizado para titular Ca^{2+}, Ni^{2+}, Co^{2+} e Cu^{2+}.
- **Calcon**: também chamado de *azul-negro Eriocromo RC*, é particularmente utilizado na titulação de Ca^{2+} na presença de Mg^{2+}, quando em pH maior do que 12, o que garante que o magnésio se encontre totalmente precipitado na forma de hidróxido, garantindo a titulação adequada para o cálcio.

5.3 Volumetria de precipitação

O princípio da volumetria de precipitação, ou titulação de precipitação, é a formação de composto de baixa solubilidade. A solubilidade é medida quando adicionamos um sal pouco solúvel em um solvente, usualmente água, e há um equilíbrio heterogêneo entre o sal sólido e seus íons em solução:

Equação 5.12

$$xAB_{(s)} \rightleftharpoons yA^+_{(aq)} + zB^-_{(aq)}$$

Figura 5.3 – Representação do equilíbrio de solubilidade em sistema heterogêneo

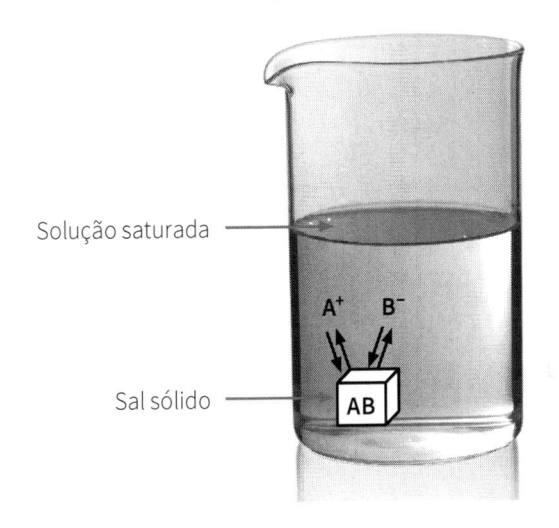

A constante do produto de solubilidade (*Kps*) é definida pelo produto da concentração das espécies iônicas do sal em solução, elevados a seus respectivos coeficientes estequiométricos, ou seja:

Equação 5.13

$Kps = [A^+]^y \cdot [B^-]^z$

Consequentemente, quanto menor for o valor de *Kps*, menor será a solubilidade do precipitado na solução. Os valores de *Kps* podem variar bastante variando o ânion: por exemplo, para os sais de prata AgI, AgBr e AgCl, temos os seguintes valores de *Kps*, respectivamente: $8,3 \cdot 10^{-17}$, $5,0 \cdot 10^{-13}$ e $1,8 \cdot 10^{-10}$.

Entretanto, muito embora forme um conjunto de métodos dos mais antigos em análise química, a volumetria de precipitação apresenta algumas limitações importantes, como reações não estequiométricas e lentas e, ainda, dificuldade de visualização do ponto final da titulação.

Importante!

Um dos principais problemas da precipitação é a coprecipitação, que, em análise gravimétrica, é resolvida com uma etapa de digestão do precipitado. No entanto, na titulação de precipitação, isso se torna inviável pelo tempo que essa etapa demanda.

Em alguns casos, em soluções particularmente diluídas, a velocidade de formação do precipitado é muito lenta, e isso se torna ainda mais pronunciado próximo ao ponto de equivalência, quando o agente titulante é adicionado lentamente e não há uma supersaturação efetiva para garantir a precipitação em velocidade adequada.

Salvo raras exceções, em que é possível visualizar o ponto final da titulação quando a formação do precipitado cessa, na grande maioria dos casos há necessidade de indicadores.

Existem indicadores com certo grau de especificidade para determinada reação química com formação de precipitado, porém são mais amplamente empregados os indicadores de adsorção, que são corantes orgânicos de caráter ácido ou básico. Além disso, existem indicadores instrumentais que podem ser utilizados.

Exemplificando

Um indicador potenciométrico que mede o potencial entre um eletrodo de referência com potencial independente do analito e constante e um eletrodo de prata ou, ainda, um indicador amperométrico, que mede a corrente gerada durante a titulação da solução.

Mesmo com as limitações citadas anteriormente, a volumetria de precipitação pode ser eficientemente empregada para determinação de haletos, cianetos, tiocianatos e alguns íons metais (como Ag^+, K^+, Pb^{2+} e Hg^{2+}). A Tabela 5.1, a seguir, mostra um resumo de alguns importantes métodos volumétricos de precipitação; contudo, o mais importante desse tipo de método é a argentimetria, com base na formação de compostos de prata pouco solúveis.

Tabela 5.1 – Alguns métodos volumétricos de precipitação

Analito	Agente titulante	Produto	Indicador
Br^-, Cl^-	$Hg_2(NO_3)_2$	Hg_2X_2	Azul de bromofenol
$C_2O_4^{2-}$	$Pb(OAc)_2$	PbC_2O_4	Fluoresceína
F^-	$Th(NO_3)_4$	ThF_4	Vermelho de alizarina
MnO_4^{2-}	$Pb(OAc)_2$	$PbMnO_4$	Eosina A
Pb^{2+}	$MgMnO_4$ K_2CrO_4	$PbMnO_4$ $PbCrO_4$	Vermelho de somocromo B Ortocromo T
PO_4^{2-}	$Pb(OAc)_2$	$Pb_3(PO_4)_2$	Dibromofluoresceína
SO_4^{2-}	$BaCl_2$ $Pb(NO_3)_2$	$BaSO_4$ $PbSO_4$	Tetraidroxiquinona Eritrosina
Zn^{2+}	$K_4Fe(CN)_6$	$K_2Zn_3[Fe(CN)_6]_2$	Difenilamina

Importante!

Há dois tipos de métodos argentimétricos: os diretos e os indiretos. Podemos fazer titulações diretas utilizando uma solução-padrão de $AgNO_3$ e, indiretamente, pela utilização de soluções-padrão de $AgNO_3$ e KSCN ou NH_4SCN.

O nitrato de prata ($AgNO_3$) sólido e as soluções obtidas com base nele podem ser considerados um padrão primário, se cumpridas algumas exigências, tais como remoção de umidade superficial por aquecimento a 110 °C, estoque protegido contra poeira e matérias orgânicas em geral, e contra a luz do sol (isso evitará a fotodecomposição e a precipitação de prata metálica).

Todavia, é um reagente muito caro; por isso, em alguns casos, é preferível realizar a padronização de uma solução de nitrato de prata via titulação com cloreto de sódio, que é mais barato e pode ser considerado padrão primário se seco em estufa a 110 °C.

Já para o caso do tiocianato de potássio (KSCN), embora seja possível tratamento para fazer a preparação da solução-padrão diretamente, normalmente é mais conveniente e prático realizar a padronização das soluções desse sal via padronização com solução de nitrato de prata.

De modo geral, uma curva de titulação por volumetria de precipitação é muito semelhante às curvas de titulação ácido-base. No caso da titulação de precipitação, a curva é montada pela concentração dos reagentes e o *kps* (produto de solubilidade) do sal pouco solúvel que foi obtido. De modo análogo ao cálculo de pH, utilizamos a Equação 5.14 para relacionar a concentração da espécie:

Equação 5.14

$pM = -\log[M^{n+}]$

Na próxima seção, abordaremos três métodos mais específicos dentro da argentimetria.

5.4 Métodos de precipitação

O método de Mohr e o de Volhard empregam indicadores específicos nas titulações: o primeiro é utilizado para a determinação de alguns haletos, e o segundo, para determinação de íons prata. Outro método, conhecido como *método de Fajans*, também é aplicado para determinação de haletos, mas utiliza indicadores por adsorção como a fluoresceína.

5.4.1 Método de Mohr

Desenvolvido pelo químico Karl Friedrich Mohr, esse método é muito eficiente na determinação de íons cloreto, brometo e iodeto, e a titulação deve ser realizada na faixa de pH entre 6,5 e 10,5 porque o indicador utilizado, nesse método, é o cromato de potássio (K_2CrO_4), que tende a ficar na forma livre e não ligado aos cátions prata em pH mais ácido do que 6,5 – o que impossibilita a visualização do ponto final da titulação –, portanto é recomendado o uso de carbonato de cálcio ($CaCO_3$) para evitar que o pH se torne inviável para a titulação.

Todavia, se a solução de prata estiver com pH acima de 10,5, há a tendência de esse metal formar hidróxido sólido. Portanto, na solução-padrão de Ag^+, normalmente, é adicionada uma pequena quantidade de ácido nítrico (HNO_3). As reações de titulação de cloreto (analito) e a reação envolvida com o indicador são apresentadas a seguir, respectivamente, pela Equação 5.15 e pela Equação 5.16:

Equação 5.15

$$Ag^+_{(aq)} + Cl^-_{(aq)} \rightleftharpoons AgCl_{(s)} \text{ precipitado branco}$$

Equação 5.16

$$2Ag^+_{(aq)} + CrO^{2-}_{4(aq)} \rightleftharpoons Ag_2CrO_{4(s)} \text{ precipitado vermelho}$$

A identificação do ponto final da titulação só é possível porque o composto de prata formado com o indicador tem mais solubilidade do que o cloreto de prata – isso pode ser verificado por meio dos produtos de solubilidade de ambos os compostos, respectivamente, $1,1 \cdot 10^{-12}$ e $1,75 \cdot 10^{-10}$. Portanto, o cromato de prata precipitará apenas quando todos os ânions cloreto tiverem sido precipitados e, após o primeiro excesso de íons prata, o cromato de prata se forma e há a mudança de cor do meio, indicando o ponto final da titulação.

Exemplificando

Imagine que, em um laboratório, há um frasco contendo 250 mL de uma solução de brometo de sódio, cuja concentração está apagada. Para utilizar essa solução, o laboratorista precisa titulá-la com uma solução de nitrato de prata e escolheu o método de Mohr para isso. Na titulação de 30 mL dessa solução, foram gastos 25 mL da solução-padrão de nitrato de prata 0,10 mol/L. Para calcular a concentração de brometo na solução, basta seguir o mesmo raciocínio que temos utilizado para cálculos análogos, ou seja, conhecer a reação estequiométrica – como na Equação 5.17 – e, pela comparação do número de mols, calcular a concentração:

Equação 5.17

$1AgNO_{3(aq)} + 1NaBr_{(aq)} \rightleftharpoons 1AgBr + 1NaNO_{3(aq)}$

$n(AgNO_3) = n(NaBr)$

$C \cdot V(AgNO_3) = C \cdot V(NaBr)$

$0{,}10 \dfrac{mol}{L} \cdot 25\ mL = C \dfrac{mol}{L} \cdot 30\ mL$

$C(NaBr) = 0{,}083 \dfrac{mol}{L}$

Como $[NaBr] = [Na^+] = [Br^-]$, a concentração de brometo é igual a 0,083 mol/L.

Todavia, o método conta com alguns interferentes, além da forte dependência do pH. Os metais de transição podem formar hidróxidos insolúveis no meio de precipitação – alguns deles, coloridos, mascarando o ponto final –, ou, ainda, coprecipitarem íons cloreto e brometo. Íons metálicos, como Pb^{2+} ou Ba^{2+}, formam sais mais estáveis com o cromato do que os presentes na titulação pelo método de Mohr; no mesmo sentido, ânions como arseniato, carbonato, fosfato e oxalato, foram compostos mais estáveis com Ag^+ do que o ânion cloreto, comprometendo a titulação.

Para determinação de íons cianeto (CN^-), o método só é válido para soluções levemente básicas; na titulação da prata pelo cloreto, o método direto não pode ser utilizado quando o íon cromato é o indicador, isso porque o cromato de prata (Ag_2CrO_4), que se forma antes da titulação, dissolve-se muito lentamente, dificultando a observação do ponto final. Para resolver isso, realizamos a titulação pelo método indireto, em que o excesso da solução-padrão de cloreto é adicionado e, então, os íons cloreto excedentes são contratitulados com solução-padrão de Ag^+ e CrO_4^{2-} como indicador.

Já os íons iodeto e tiocianato, embora tenham sido sais estáveis e de baixa solubilidade com a prata, formam sais extremamente estáveis com o íon cromato e não floculam na solução, fazendo com que a mudança da cor do indicador não seja observada adequadamente no ponto final da titulação.

5.4.2 Método de Volhard

No método de Volhard, utilizamos o íon tiocianato (SCN^-) com reagente titulante (solução-padrão) para titulação de Ag^+; o indicador, nesse caso, é o íon Fe^{3+}, que, ao se ligar com mínimas quantidades de íons tiocianato, forma um complexo de cor vermelha intensa, porém o meio necessita ser ácido. A reações envolvidas na titulação do analito, Equação 5.18, e com o indicador, Equação 5.19, são representadas a seguir, respectivamente:

Equação 5.18

$Ag^+_{(aq)} + SCN^-_{(aq)} \rightleftharpoons AgSCN_{(s)}$ precipitado branco

Equação 5.19

$Fe^{3+}_{(aq)} + SCN^-_{(aq)} \rightleftharpoons FeSCN^{2+}_{(aq)}$ complexo solúvel vermelho

A formação do complexo de ferro com o tiocianato é extremamente eficiente, ou seja, para mínimas quantidades de íons Fe^{3+} e SCN^-, forma-se o composto. Os erros envolvidos quanto ao indicador Fe^{3+} são baixos, dentro da escala de concentração entre 0,005 e 1,5 mol/L, porém recomendamos não utilizar concentrações do indicador maiores do que 0,2 mol/L, pois, a partir disso, a solução passa a se tornar amarela, o que pode mascarar a identificação do ponto final da titulação.

Como mencionamos, é um método recomendado para titulação direta de Ag^+ com uma solução-padrão de íons SCN^-. É possível considerar também a titulação indireta, nesse caso, empregada na titulação de cloreto, brometo e iodeto, entretanto é necessário excesso de solução-padrão de $AgNO_3$ e, então, a quantidade de Ag^+ que não reagiu com os íons indicados é titulada por uma solução-padrão de SCN^-.

Exemplificando

O teor de cloreto em águas de abastecimento urbano é um importante fator de qualidade da água. Sabendo disso, realizamos uma titulação de retorno de 50 mL da água proveniente do abastecimento urbano (água da torneira) com solução-padrão de nitrato de prata em excesso (80 mL, 0,1 mol/L).

Em seguida, a quantidade de íons prata que não reagiu foi, então, titulada com uma solução-padrão de íons tiocianato (0,1 mol/L) na presença de Fe^{3+} como indicador, gastando um total de 60 mL da solução-padrão de tiocianato.

Para sabermos a concentração de cloreto na amostra de água, precisamos, primeiramente, conhecer a relação estequiométrica das reações envolvidas, saber a quantidade total de mols de Ag^+ utilizados e a quantidade de mols de Ag^+ que não reagiram com os íons cloreto (Equação 5.20) e foram titulados pelo tiocianato (Equação 5.21). A diferença desse número de mols será relacionada com o número de mols de cloreto, ou seja:

Equação 5.20

$$Ag^+_{(aq)} + Cl^-_{(aq)} \rightleftharpoons AgCl_{(s)}$$

Equação 5.21

$$Ag^+_{(aq)} + SCN^-_{(aq)} \rightleftharpoons AgSCN_{(s)}$$

A reação química entre o indicador Fe^{3+} e o menor excesso de SCN^- presente na solução após a titulação total de Ag^+ é representada pela Equação 5.22:

Equação 5.22

$$Fe^{3+}_{(aq)} + SCN^-_{(aq)} \rightleftharpoons FeSCN^{2+}_{(aq)}$$

Verificamos que todas as relações estequiométricas envolvidas estão na proporção de 1:1, então:

$$n(Ag^+_{(aq)Total}) = C \cdot V(L) = \frac{0,1\,mol}{L} \cdot 0,08\,L = 0,008\,mols$$

$$n(Ag^+_{(aq)Excesso}) = n(SCN^-_{(aq)gasto}) = C \cdot V(L) = \frac{0,1\,mol}{L} \cdot 0,06\,L = 0,006\,mols$$

Portanto, o número de mols de Ag^+ que, efetivamente, reagiu com os íons cloreto da amostra de água é:

$$n(Ag^+_{(aq)Total}) - n(Ag^+_{(aq)Excesso}) = 0,008\,mols - 0,006\,mols = 0,002\,mols$$

Como a amostra de água titulada é de 50 mL, para colocarmos o valor em termos de concentração de mol/L (C), basta realizar o seguinte cálculo:

$$C_{Cl^-\left(\frac{mol}{L}\right)} = \frac{n}{V(L)} = \frac{0,002\,mols}{0,05\,L} = 0,04\,\frac{mol}{L}$$

Assim, a concentração de cloreto na amostra é de 0,04 mol/L. Comparado ao método de Mohr, o método de Volhard apresenta, como uma das suas grandes vantagens, a aplicação de titulações em soluções de pH muito ácido, o que garante a hidrólise do Fe^{2+} e impede a formação de sais insolúveis de prata com ânions fosfato, carbonato, arseniato, oxalato, por exemplo. Os metais de transição também não influenciarão como potenciais interferentes, salvo quando se tratar de íons de cor intensa em solução.

Importante!

Contudo, há um inconveniente importante relacionado ao método quando se pretende determinar íons cloreto. Analisando o produto de solubilidade (*Kps*) dos sais envolvidos na titulação do analito e com o indicador SCN^-, observamos que o cloreto de prata possui *Kps* maior do que o tiocianato de prata – $1{,}75 \cdot 10^{-10}$ e $1{,}1 \cdot 10^{-12}$, respectivamente. Consequentemente, a solubilidade do cloreto de prata é maior, podendo ocorrer a reação a seguir, expressa pela Equação 5.23:

Equação 5.23

$$AgCl_{(s)} + SCN^-_{(aq)} \rightleftharpoons AgSCN_{(s)} + Cl^-_{(aq)}$$

Portanto, na titulação por retorno, será gasta uma quantidade maior de SCN^- do que realmente seria necessário e, consequentemente, o erro na titulação será muito grande. Para resolver esse problema, é possível remover o precipitado de AgCl por filtração, o que nem sempre é vantajoso pelo tempo que demanda ou, ainda, é possível adicionar à solução contendo o precipitado de AgCl pequenas quantidades de nitrobenzeno, que atuará no revestimento das partículas, impedindo que o SCN^- solubilize íons cloreto.

Já nos casos das titulações de ânions brometo, ou iodeto, não há esse inconveniente porque os sais de prata formados com esses íons são menos solúveis do que o tiocianato de prata. Todavia, no caso da determinação dos íons iodeto, é importante adicionar o indicador Fe^{3+} depois que o sal iodeto de prata (AgI) precipitou, pois o Fe^{3+} tende a oxidar o íon I^- e isso não ocorre quando ele está associado à prata.

5.4.3 Método de Fajans

Diferentemente dos métodos de Mohr e de Volhard, o método de Fajans utiliza indicadores de adsorção para identificar o ponto final da titulação. Na idealidade, o ponto de equivalência é onde ocorre a adsorção, originando uma mudança de cor no sistema para identificação do ponto final da titulação. O método precisa ser empregado rapidamente e na presença de luz difusa, ou seja, iluminação branda, porque a sensibilidade dos sais de prata produzidos aumenta pela ação da adsorção dos indicadores orgânicos.

O mecanismo de identificação do ponto de equivalência por esse tipo de indicador foi explicado por Fajans e leva em consideração a carga da partícula coloidal durante a titulação e até o ponto de equivalência.

Tomando como exemplo a titulação direta de íons Cl^- por uma solução-padrão de $AgNO_3$, antes do ponto de equivalência, há excesso de íons Cl^- e, portanto, as partículas sólidas de AgCl formadas estão com uma camada desses íons adsorvidos, originando uma camada elétrica negativa, que atrai íons positivamente carregados presentes na solução.

$AgCl_{(s)}$ ------------------ $Cl^-_{(adsorvido)}$ $M^+_{(adsorvido)}$

Partícula sólida   Camada negativa   Camada positiva
                        (cor verde)

Contudo, imediatamente após o ponto de equivalência, há um leve excesso de íons Ag^+, logo as partículas de AgCl estão positivamente carregadas pela camada elétrica positiva formada na superfície. Essas partículas, portanto, atraem cargas negativamente carregadas; nesse momento ocorre a adsorção do indicador, visto que este é negativamente carregado, como é o caso da fluoresceína (representada por HFL na forma protonada e FL⁻ desprotonada), que resulta em uma suspensão coloidal rosa, de cor suficientemente intensa para indicar o ponto final da titulação, como ilustrado na Figura 5.4.

$$AgCl_{(s)} \text{--------------------} Ag^+_{(adsorvido)} \quad\quad FL^-_{(adsorvido)}$$

Partícula sólida   Camada positiva   Camada negativa (cor rosa)

Figura 5.4 – Representação visual da mudança de cor utilizando fluoresceína

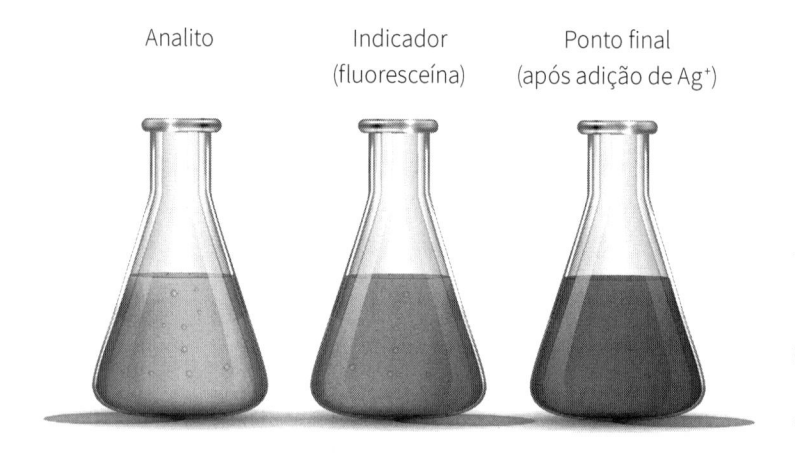

Analito   Indicador (fluoresceína)   Ponto final (após adição de Ag⁺)

vipman/Shutterstock

Nesse método, alguns fatores importantes devem ser observados quanto à escolha do indicador por adsorção, sendo os mais importantes listados a seguir.

1. Idealmente, o precipitado formado na reação de titulação deve estar na forma de suspensão coloidal, ou seja, partículas muito pequenas finamente dispersas na solução. Para garantir esse aspecto, é possível adicionar agentes dispersantes que protegem o coloide formado, por exemplo, a dextrina.
2. Se possível, a adsorção do indicador deve iniciar ligeiramente antes do ponto de equivalência e aumentar significativamente no ponto de equivalência para que a detecção do ponto final da titulação seja o mais próximo possível do ponto de equivalência da titulação.
3. É necessário ter um controle rigoroso do pH do meio, uma vez que, tratando-se de ácidos ou bases fracas, a concentração da forma livre dos indicadores que é adsorvida na partícula é significativamente influenciada pela variação de pH.
Por exemplo: a fluoresceína apresenta uma constante de dissociação ácida (Ka) na ordem de 10^{-7}, logo, para soluções com pH menores do que 7, a concentração do indicador na forma livre (FL^-) diminui significativamente, dificultando a visualização do ponto final da titulação.
4. Preferencialmente, o indicador deve ter carga contrária ao íon titulante; assim, a adsorção do indicador não ocorrerá até que um leve excesso do íon titulante esteja presente na solução. É o caso do exemplo da titulação de cloreto utilizando íons Ag^+ (positivamente carregado) e, como indicador, a fluoresceína livre (FL^-, negativamente carregado).

5.5 Aula prática 3: determinação de cálcio e magnésio

Um dos indicadores químicos de potabilidade da água é a sua dureza. Antigamente, a dureza da água era entendida pela formação de precipitados quando na presença de sabões. Isso porque alguns íons metálicos polivalentes – mas, principalmente, cálcio e magnésio, que, frequentemente, estão em maior quantidade em amostras de águas – formam sais de ácidos graxos muito estáveis presentes no sabão e, consequentemente, esses sais precipitam, diminuindo a ação detergente do sabão. Por esse motivo, a indústria de produção de sabão também precisa avaliar a dureza da água utilizada na reação de saponificação, uma vez que a dureza afetará a qualidade do produto.

A dureza é classificada em dois tipos: permanente e temporária, e ambas englobam a presença de sais solúveis de cálcio e magnésio, como: $CaSO_4$, $MgSO_4$, $Ca(HCO_3)_2$, $Mg(HCO_3)_2$ e $CaCl_2$, $MgCl_2$.

Importante!

A **dureza temporária** é relacionada com as formas de bicarbonatos ($Ca(HCO_3)_2$ e $Mg(HCO_3)_2$) e pode ser removida, parcialmente, pelo aquecimento, formando sais neutros de baixa solubilidade, de acordo com a reação a seguir, como expressam a Equação 5.24 e a 5.25:

Equação 5.24

$$Ca(HCO_3)_{2(aq)} \xrightarrow{\Delta} CaCO_{3(s)} + H_2O_{(l)} + CO_{2(g)}$$

Equação 5.25

$$Mg(HCO_3)_{2(aq)} \xrightarrow{\Delta} MgCO_{3(s)} + H_2O_{(l)} + CO_{2(g)}$$

Já a **dureza permanente** é, normalmente, associada à forma de sulfatos entre outros sais de cálcio e magnésio; ao contrário da dureza temporária, ela não pode ser removida pela simples fervura da água. A dureza total é a soma das duas e é expressa em partes por milhão (ppm ou mg/L) de $CaCO_3$.

Para determinação da dureza total da água, é possível utilizarmos a titulação complexométrica com EDTA, que, assim como abordamos neste capítulo, é um agente complexante muito forte, chamado, ainda, de *agente quelante*, que, preferencialmente em meio alcalino ou neutro, forma complexos na proporção de 1:1 com os metais (normalmente M^{2+}). Todavia, um detalhe importe dessa titulação é que, quando realizada entre pH 9 e 10, esse agente titulante não tem seletividade entre o cálcio e o magnésio presentes em uma amostra, porém, quando em pH maior do que 10, ocorre a precipitação quantitativa de Mg^{2+}. Assim, garantimos mais seletividade para o íon Ca^{2+} e, pela diferença em duas titulações com diferentes controles de pH, é possível conhecer o Mg^{2+}.

Para garantir mais eficiência na titulação e melhor visualização do ponto final, recomendamos a utilização da titulação por retorno: nela, é empregado um excesso conhecido de EDTA, na amostra contendo o analito (Ca^{2+} e Mg^{2+}); a quantidade de EDTA que não reagiu com o analito é, então, titulada com uma solução-padrão de Ca^{2+} até a observação da modificação da cor e, portanto, do ponto final da titulação.

5.5.1 Objetivos gerais e específicos

Nesta aula prática, demonstraremos como aplicar os conceitos de titulação complexométrica com EDTA para determinação da dureza total de uma amostra de água, bem como os teores de Ca^{2+} e Mg^{2+}.

5.5.2 Materiais e métodos

Para esta prática, são utilizadas:

- uma solução-padrão de Ca^{2+} 0,025 mol/L, previamente preparada; – solução-padronizada de EDTA 0,04 mol/L previamente preparada;
- solução-tampão de amônia a pH 10 previamente preparada;
- solução de hidróxido de sódio 0,5 mol/L;
- etanolamina, que é usada em pequenas quantidades para mascarar a presença de outros cátions interferentes e presentes na amostra;
- amostras de água (podem ser de diferentes fontes, por exemplo, do abastecimento urbano e mineral comercial);
- indicadores Negro de Eriocromo T e Calcon:NaCl (1:10).

Os aparatos e vidrarias são comuns para as duas titulações e incluem:

- erlenmeyer (250 mL);
- bequer (100 mL);
- pipeta volumétrica (10 mL);
- bureta (50 mL);
- suporte universal;
- garras metálicas.

Para os dois casos, devemos montar o aparato de acordo com a Figura 4.1 (Capítulo 4), as demais vidrarias serão utilizadas adicionalmente.

5.5.2.1 Determinação da dureza total da amostra de água (titulação de Ca^{2+} e Mg^{2+})

Com o auxílio de um béquer, reservamos cerca de 60 mL da solução-padrão de Ca^{2+}; em seguida, lavamos a bureta com uma pequena quantidade da solução, descartando-a posteriormente. Em seguida, preenchemos a bureta com a solução-padrão, inclusive, removendo bolhas de ar que possam estar presentes logo após a torneira da bureta, então, o zero da bureta é aferido.

Com o auxílio de pipetas volumétricas e graduadas, transferimos para o erlenmeyer, uma quantia exata de 10 mL da amostra de água e 20 mL da solução-padrão de EDTA, o meio deve ser tamponado, então, adicionamos cerca de 3 mL da solução-tampão de pH 10, duas a três gotas de etanolamina e, em seguida, o indicador Eriocromo T (pequena quantidade).

Por fim, com uma das mãos, começamos a agitar a solução do erlenmeyer em movimentos circulares em torno da base do suporte universal, e, com a outra mão, abrimos a torneira da bureta, sutilmente, de modo a gotejar aos poucos a solução-padrão de Ca^{2+}. Quando a solução do béquer passar do azul para o primeiro tom de roxo, fechamos a torneira e anotamos o volume gasto de Ca^{2+}.

A tabela a seguir mostra dados demonstrativos do procedimento realizado em triplicata para que possibilite os cálculos da média e desvio-padrão.

Tabela 5.1 – Dados demonstrativos para cálculo da dureza total da água

Réplica	Volume de gasto de Ca^{2+} (L ou mL)	N. de mols de EDTA em excesso	N. de mols de EDTA utilizado pelo analito	Dureza total da água (mg/L de $CaCO_3$)
1	14,0	0,008		
2	13,9	0,008		
3	14,2	0,008		

A dureza da água é expressa em mg/L ou ppm de $CaCO_3$. Então, para efeito dos cálculos, devemos considerar que o número de mols utilizado pelo analito é referente à espécie $CaCO_3$. Para encontrar o número de mols utilizado pelo analito, basta calcularmos a diferença do número de mols total de EDTA menos o número de mols de EDTA em excesso, ou seja:

$$n(EDTA)_{total} = C \cdot V(L) = 0{,}04\,\frac{mol}{L} \cdot 0{,}02\,L = 0{,}0008\;mols$$

$$n(EDTA)_{excesso} = n$$

$$n(EDTA)_{analito} = 0{,}0008\;mols - C \cdot V$$

Sendo o número de mols de EDTA gastos com o analito igual ao número de mols do analito, basta calcularmos a concentração em mol/L ($C_{mol/L}$) e transformar em mg/L ($C_{mg/L}$):

$$n(EDTA)_{analito} = n$$

$$C_{mol/L} = \frac{n(CaCO_3)_{dureza\,total}\,(mol)}{V(L)} = \frac{n(CaCO_3)_{dureza\,total}\,(mol)}{0{,}01(L)}$$

$$C_{mol/L} = C_{\frac{mol}{L}} \cdot MM_{Massa\,molar(CaCO_3)} \cdot 1000$$

5.5.2.2 Determinação dos teores isolados de Ca^{2+} e Mg^{2+}

O procedimento experimental é muito parecido com o descrito para determinação da dureza total. No entanto, agora, a solução deve estar fortemente básica para isolar quantitativamente o magnésio na forma de precipitado e o indicador, nesse caso, será utilizado o Calcon:NaCl.

Com o auxílio de um béquer, reservamos cerca de 60 mL da solução-padrão de Ca^{2+}; em seguida, lavamos a bureta com uma pequena quantidade da solução, descartando-a posteriormente. Em seguida, preenchemos a bureta com a solução-padrão, inclusive, removendo bolhas de ar que possam estar presentes logo após a torneira da bureta; em seguida, o zero da bureta é aferido.

Com o auxílio de pipetas volumétricas e graduadas, transferimos, para o erlenmeyer, uma quantia exata de 10 mL da amostra de água e 20 mL da solução-padrão de EDTA; tamponamos o meio e, em seguida adicionamos 15 mL da solução de NaOH, duas a três gotas de etanolamina e, então, o indicador Calcon:NaCl (pequena quantidade).

Por fim, com uma das mãos, começamos a agitar a solução do erlenmeyer em movimentos circulares em torno da base do suporte universal, e, com a outra mão, abrimos a torneira da bureta sutilmente, de modo a gotejar aos poucos a solução-padrão de Ca^{2+}. Quando a solução do béquer passar do azul para o primeiro tom de roxo, fechamos a torneira e anotamos o volume gasto de Ca^{2+}.

A tabela a seguir mostra dados demonstrativos do procedimento realizado em triplicata para que possibilite os cálculos da média e desvio-padrão.

Tabela 5.2 – Dados demonstrativos para determinação de teores separados de cálcio e magnésio na amostra de água

Réplica	Volume de gasto de Ca^{2+} (L ou mL)	N. de mols de EDTA em excesso	N. de mols de EDTA utilizado pelo analito	Concentração de Ca^{2+} (mol/L)	Concentração de Mg^{2+} (mol/L)
1	10,0	0,0008			
2	11,0	0,0008			
3	10,5	0,0008			

O cálculo para determinação da concentração de Ca^{2+} é análogo ao utilizado para determinação da dureza total, no entanto, agora, é correspondente apenas aos íons Ca^{2+}.

Para determinação da concentração de Mg^{2+}, basta calcular a diferença entre o número de mols obtido na titulação anterior e na titulação seletiva para Ca^{2+}. Lembrando que:

$$C_{mol/L} = \frac{n_{analito}(mol)}{V(L)}$$

Síntese

Neste capítulo, demonstramos que, na análise volumétrica, em análises químicas, temos a **volumetria de complexação**, ou complexometria. Basicamente, ela se fundamenta na formação de compostos entre ligantes (geralmente, negativamente carregados) e cátions metálicos. O ligante mais utilizado é o EDTA, que forma complexos do tipo 1:1 com vários metais, por exemplo, com Ca^{2+} e Mg^{2+}. Há, também, a **volumetria de precipitação**, em que são formados compostos de baixa solubilidade; a **argentimetria**, que é o conjunto de métodos que relaciona o uso de íons prata na formação de sais pouco solúveis, cujos métodos mais usuais são: Mohr, Volhard e Fajans, de acordo com as características do analito e das condições do meio, ou mesmo do indicador utilizado.

Os indicadores mais utilizados na complexometria são: Negro de Eriocromo T, Calmagita, Arsenazo I, Alaranjado de xilenol, Murexida e Calcon. Como pudemos compreender, a utilização dos indicadores dependerá do meio da reação de complexação e, também, do tipo de analito a ser determinado, o que pode conferir mais ou menos seletividade.

Figura 5.5 – Representação esquemática da síntese do capítulo

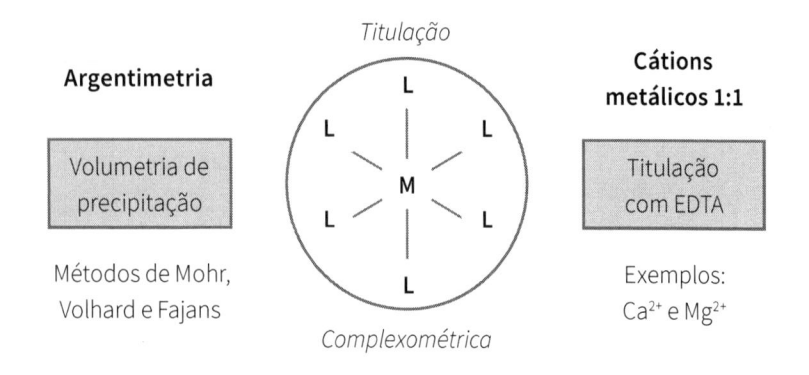

Argentimetria

Volumetria de precipitação

Métodos de Mohr, Volhard e Fajans

Titulação
L – L – L – M – L – L – L
Complexométrica

Cátions metálicos 1:1

Titulação com EDTA

Exemplos: Ca^{2+} e Mg^{2+}

Atividades de autoavaliação

1. Um laboratorista precisa padronizar uma solução de cloreto de magnésio ($MgCl_2$), supostamente, numa concentração de 0,01 mol/L. Para isso, coletou uma alíquota de 25 mL dessa solução e titulou com 20 mL da solução-padrão de EDTA 0,01 mol/L. Qual a real concentração da solução de $MgCl_2$ e da concentração de cloretos?
   a) 0,01 mol/L e 0,01 mol.
   b) 0,008 mol/L e 0,016 mol/L.
   c) 0,008 mol e 0,016 mol/L.
   d) 0,008 mol/L e 0,016 mol.
   e) 0,002 mol/L e 0,004 mol/L.

2. Um medicamento utilizado para suplementação de cálcio deve apresentar 50 mg/g de comprimido admitindo uma variação de 3 mg/g. Para determinar a concentração de cálcio, foi realizada titulação de complexação (em triplicata) de 1,00 g de medicamento dissolvido com solução-padrão de EDTA (0,125 mol/L), gastando volumes iguais a: 10,5 mL, 11 mL e 10 mL. Calcule a concentração média de cálcio no medicamento (mg/g) e verifique se está de acordo com a recomendação. Massa molar do Ca = 40,00 g/mol.
   a) 50,0 mg/g, está de acordo.
   b) 1,31 · 10^{-3} mg/g, não está de acordo.
   c) 52,5 mol/L, está de acordo.
   d) 52,5 mg/g, está de acordo.
   e) 1,31 mg/g, não está de acordo.

3. Calmagita é um indicador muito utilizado parecido com **Negro de Eriocromo T**, no entanto muito mais **estável**, o que vem **aumentando** seu uso em relação ao **Negro de Eriocromo T**. Analise os termos destacados e julgue-os como verdadeiros (V) ou falsos (F) no contexto do enunciado. Em seguida, marque a sequência obtida:
   a) F, F, F, F.
   b) F, V, F, V.
   c) F, V, V, F.
   d) V, V, V, V.
   e) V, F, F, V.

4. Cianeto (CN⁻) é um íon particularmente perigoso, que necessita ser monitorado, por exemplo, em efluentes industriais. Para sua determinação, é possível utilizar o método de Mohr em pH levemente básico. Considere que 5 mL de uma efluente forma diluídos em balão volumétrica de 100 mL, uma alíquota de 25 mL foi, então, titulada com solução-padrão de Ag⁺ 0,01 mol/L, consumindo, no ponto final da titulação, 20 mL da solução-padrão. Qual a concentração de íons cianeto em mol/L? A Organização Mundial da Saúde (OMS) determina que o limite máximo de íons cianeto é de 0,1 mg/L. Considerando a titulação, o efluente está dentro do limite máximo recomendado?
   a) 0,1 mol/L, está dentro do limite.
   b) 0,002 mol/L, está fora do limite.
   c) 0,052 mol/L, está dentro do limite.
   d) 0,01 mol/L, está fora do limite.
   e) 0,11 mol/L, está dentro do limite.

5. Com o intuito de determinar o teor de prata em um minério, um laboratorista dissolveu adequadamente 1 g do minério e titulou a solução com solução-padrão de tiocianato de potássio 0,1 mol/L, gastando 5 mL na presença de íons ferro, como indicador. Qual a porcentagem de prata no minério? Massa molar da Ag 108.
   a) 5,4%.
   b) 0,054%.
   c) 0,54%.
   d) 54%.
   e) 1%.

Atividades de aprendizagem

Questões para reflexão

1. Entre os exemplos abordados neste capítulo, alguns se baseiam na titulação de precipitação, formando compostos de estáveis e de baixa solubilidade. Portanto, a solubilidade e reatividade de diferentes tipos de sais de bário, por exemplo, são diferentes considerando um mesmo solvente e condições do meio. O sulfato de bário ($BaSO_4$) e carbonato de bário ($BaCO_3$) apresentam baixa solubilidade em água, porém o último pode reagir com ácido clorídrico, por exemplo. Esses tipos de detalhes necessitam ser observados com cuidado, pois, se negligenciados, podem gerar problemas gigantescos, como foi o caso Celobar. Pesquise sobre esse caso e comente com seu grupo de estudo sobre isso.

2. As aplicações da titulação de complexação com EDTA são muito importantes e das mais diversas. Um exemplo disso é a determinação de Ca^{2+} na urina, sendo que a excreção normal desse íon, diariamente, é entre 50 e 400 mg. Ele pode ser isolado da urina na forma de oxalato de cálcio via gravimetria e, então, dissolvido em ácido e titulado com solução-padrão de EDTA. Procure outros exemplos de aplicações da titulação de complexação.

Atividades aplicadas: prática

1. Faça um levantamento entre seus colegas sobre qual a importância da análise volumétrica quanto ao controle de qualidade de modo geral. Cite exemplos, se possível.

Capítulo 6

Soluções e controle de qualidade

Neste capítulo, vamos abordar os conceitos e definições de soluções, solvente, soluto, concentração comum, concentração molar, normalidade e unidades. Em seguida, pretendemos esclarecer o conceito de diluições de soluções e os cálculos para sua preparação, bem como ensinar a aplicação dos conceitos de soluções para a padronização de soluções e o que são padrões primários e secundários.

Vamos também analisar a aplicação das análises quantitativas para o controle de qualidade, bem como os parâmetros avaliados na indústria.

Ao final do capítulo, por meio de uma aula prática, demonstraremos como determinar a concentração de cloro ativo em uma amostra de água sanitária por tiossulfatometria ou iodometria.

6.1 Soluções

A formação de uma solução parte da ideia de mistura, ou seja, de misturar, no mínimo, duas coisas diferentes. Em química, mais especificamente, caracterizamos como *mistura* **a junção de duas ou mais espécies químicas sem que haja uma reação química envolvida**, isto é, sem que seja formada outra espécie química no processo de mistura.

Lembre-se de uma mistura de açúcar e água ou outra de óleo e água. Dependendo do tipo de mistura e de acordo com as características intrínsecas de cada componente da mistura, haverá a formação de um ou mais aspectos visuais. No caso da mistura de açúcar e água, ao final, você apenas observa um aspecto visual, chamado de *fase*. Já no caso da segunda mistura, ao final, haverá dois aspectos visuais, portanto, duas fases. Quando a mistura apresenta uma única fase, ela é classificada como **homogênea**; se apresentar duas ou mais, é classificada como **heterogênea**.

A partir deste ponto do texto, nosso foco estará voltado para misturas homogêneas. Retomando o exemplo da mistura entre açúcar e água, reflita: como não pode haver reação química dentro da formação de misturas, para onde foi o açúcar após a adição e formação de uma mistura com a água?

O que ocorre é que a água tem a capacidade de separar os grãos de açúcar em porções muito menores, chegando à porção de uma molécula de açúcar. Esse efeito é conhecido como a *dispersão de uma espécie química* (o açúcar) em outro (a água). Quando a espécie química dispersa tem tamanho médio – $\leq 1 \cdot 10^{-7}$ cm –, a mistura (ou dispersão) é chamada de **solução**. Em se tratando de solução, a espécie química dispersa, agora chamada de **soluto**, normalmente, está em menor quantidade em relação ao dispergente, agora, chamado de **solvente**. No caso do exemplo, o açúcar é o soluto e a água é o solvente.

Importante!

Uma solução pode ser classificada de acordo com a natureza do soluto: se este é formado por moléculas, a solução será molecular (açúcar, por exemplo); se o soluto for formado por íons, a solução será iônica (NaCl, por exemplo).

Outra forma de classificação diz respeito à quantidade de soluto presente em determinada quantidade de solvente, o que está relacionado à solubilidade do soluto naquele solvente, ou seja, quando a quantidade de soluto é muito inferior à solubilidade dele no meio, é uma **solução diluída**; porém, se for muito próxima à sua solubilidade, é uma **solução concentrada**.

Tendo com base o exposto até aqui, podemos perceber que o preparo de soluções é extremamente dependente da solubilidade do soluto naquele solvente e, em determinada temperatura, há uma quantidade máxima de soluto possível de ser dissolvida. De forma a complementar o sentido de soluções diluídas ou concentradas, há os conceitos de solução insaturada, saturada e supersaturada:

- **Solução insaturada**: se a quantidade de determinado soluto dissolvido em um dado solvente for menor do que sua solubilidade nesse solvente, a dada temperatura.
- **Solução saturada**: tem quantidade de soluto dissolvida exatamente igual à sua solubilidade naquele solvente em determinada temperatura.
- **Solução supersaturada**: preparada por meio da adição de quantidades superiores à solubilidade do soluto no solvente; consequentemente, a parte do soluto acima de sua solubilidade não se dissolverá. Para que isso ocorra, é necessário aumentar a temperatura da solução, em alguns casos, com a necessidade de agitação; em seguida, o sistema é lentamente resfriado até a temperatura inicial e, então, não é mais observado soluto não dissolvido.

Contudo, soluções supersaturadas são extremamente instáveis por estarem acima do limite máximo de solubilidade; assim, qualquer perturbação, como um leve toque ou a inserção de um pequeno grão de um cristal, desestabilizará a solução, fazendo com que o analito em excesso precipite e forme uma solução classificada como **saturada com corpo de fundo**, por exemplo, diferentes soluções de NaCl. Observe a ilustração da Figura 6.1:

Figura 6.1 – Exemplo de preparação de solução insaturada, saturada, supersaturada e saturada com corpo de fundo

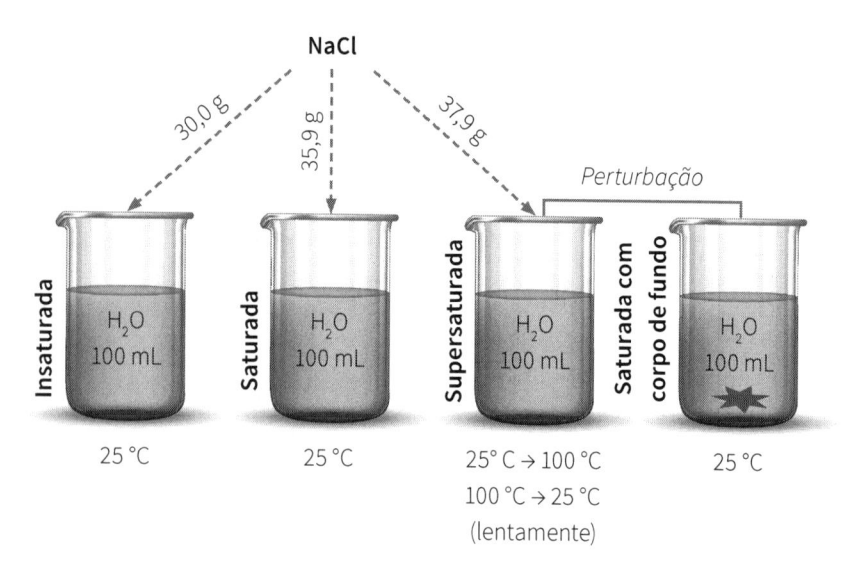

NaCl

30,0 g   35,9 g   37,9 g

Perturbação

Insaturada	Saturada	Supersaturada	Saturada com corpo de fundo
H_2O 100 mL	H_2O 100 mL	H_2O 100 mL	H_2O 100 mL
25 °C	25 °C	25 °C → 100 °C 100 °C → 25 °C (lentamente)	25 °C

vipman/Shutterstock

Como já abordamos, uma mistura classificada como solução é caracterizada e, novamente, classificada de acordo com a quantidade de soluto presente no solvente, certo?

Você sabe quais cálculos estão envolvidos nas medidas de quão concentrada ou diluída está uma solução para, então, compararmos com a solubilidade daquele composto, naquele solvente, em uma temperatura específica?

Existem diferentes maneiras, mais ou menos usuais, de expressar e calcular a concentração das soluções. Por exemplo:

- concentração comum (C);
- concentração molar (M);
- concentração percentual ($C\%$) e título (τ);
- normalidade (N);
- molalidade *(W)*.

6.1.1 Concentração comum

A concentração comum (C) tem relação com a quantidade em massa do soluto que está dissolvido em volume determinado de solução e sua unidade no Sistema Internacional (SI) é grama (g) por litro (L), ou seja, g/L, como expressa a Equação 6.1.

No caso do exemplo ilustrado na Figura 6.1 para a solução saturada, temos que 35,9 g estão dissolvidos em 100 mL de água (0,100 L), portanto:

Equação 6.1

$$C = \frac{m(g)}{V(L)}$$

$$C = \frac{35,9\,(g)}{0,100\,L} = 359\,\frac{g}{L}$$

Como você já deve ter concluído, a concentração comum dessa solução será expressa como 359 g/L. Uma variante da concentração comum é a concentração em miligrama por litro (mg/L), que é equivalente à concentração em partes por milhão (ppm). Nesse caso, é necessário multiplicar a concentração comum por mil, pois 1 g é igual a 1.000 mg, assim, a concentração em mg/L ficaria 359.000 mg/L, ou ppm.

6.1.2 Concentração molar

Também chamada de **molaridade**, a concentração molar é a mais conhecida dentro da química e, atualmente, a mais utilizada para expressar concentração do analito. Ela expressa a quantidade de soluto em número de mol contido em um dado volume de solução. A unidade pelo SI, para a concentração molar, é o mol por litro (mol/L), como expresso na Equação 6.2.

Seguindo com o mesmo exemplo da Figura 6.1 para a solução saturada, agora, primeiramente, precisamos transformar a massa do soluto dissolvida (35,9 g) em número de mols (n). Para fazer isso, basta dividir a massa do soluto (g) pela sua massa molar (MM), que, no caso do NaCl, é igual a 58,443 g/mol, ou seja:

Equação 6.2

$$n = \frac{m(g)}{MM\left(\frac{g}{mol}\right)}$$

$$n = \frac{35,9\ g}{58,443\ \frac{g}{mol}} = 0,614\ mol$$

Sabendo o número de mols (n) que estão dissolvidos na solução, ainda é preciso dividir pelo volume da solução (V), assim, a concentração molar dessa solução é:

Equação 6.3

$$M = \frac{n(mol)}{V(L)}$$

$$M = \frac{0,614\,mol}{0,100\,L} = 6,14\,\frac{mol}{L}$$

6.1.3 Concentração percentual e título

A concentração percentual ($C\%$) e o título (τ) são, frequentemente, utilizados para expressar a pureza dos reagentes, ela expressa a quantidade percentual de soluto presente em certa quantidade de material, ou solução, seja relação massa (g)/massa (g), seja massa (g)/volume (mL), seja volume (mL)/volume (L), como expressam as Equações 6.4, 6.5 e 6.6:

Equação 6.4, Equação 6.5 e Equação 6.6

$$C\% = \frac{m_{soluto}(g)}{m_{solução}(g)} \cdot 100 \text{ ou } \frac{m_{soluto}(g)}{V_{solução}(mL)} \cdot 100 \text{ ou } \frac{V_{soluto}(mL)}{V_{solução}(mL)} \cdot 100$$

Exemplificando

Frascos de ácido clorídrico (HCl) comercial, normalmente, são encontrados em concentração 37%; isso significa que, para cada 100 mL desse ácido comercial, apenas 37 mL são, realmente, HCl;

os outros 63 mL são de solução. Para o exemplo da solução de NaCl saturada, a expressão da concentração percentual seria:

$$C\% = \frac{35,9\,g}{100\,mL} \cdot 100 = 35,9\%$$

O título (τ) é um pouco diferente, pois não tem unidade e relaciona, unicamente, as massas envolvidas, ou seja, a massa de determinado soluto inserida em uma massa de determinado solvente. Para expressarmos o título percentual, basta multiplicarmos o resultado desta equação por 100 ou seja:

Equação 6.6 e Equação 6.7

$$\tau = \frac{m_{soluto}(g)}{m_{solução}(g)} \text{ e } \tau\% = \frac{m_{soluto}(g)}{m_{solução}(g)} \cdot 100$$

Utilizando o exemplo anterior do NaCl e considerando que 100 mL de água é igual a 100 g, temos que:

$$\tau_{NaCl} = \frac{35,9\,(g)}{100\,(g)} = 0,359 \text{ e } \tau\% = \frac{35,9\,(g)}{100\,(g)} \cdot 100 = 35,9\%$$

Quando trabalhamos com solutos líquidos, é importante levarmos em consideração a densidade de cada soluto em questão. A densidade faz relação do quanto cada mL de soluto representa em massa, por exemplo, o HCl tem densidade igual a 1,18 g/mL; isso significa que cada mL de HCl equivale a 1,18 g. Portanto, o título, para 100mL de HCl 37%, deve ser calculado da seguinte forma:

1 mL ----------------- 1,18 g

37 mL ---------------- x → x = 43,66 g

Considerando que o solvente, neste caso, seja a água (1 mL = 1 g), então:

$$\tau = \frac{43,66\,g}{43,66\,g + 63\,g} = 0,41 \text{ ou } \tau\% = 41\%$$

6.1.4 Normalidade

A expressão de concentração em normalidade (N) está cada vez mais em desuso, todavia ainda pode ser encontrada e faz relação entre a massa do soluto e o número de equivalente-grama (Eg) contido em determinado volume de solução (em litros); a unidade no SI é o normal (N):

Equação 6.8 e Equação 6.9

$$N = \frac{\frac{m(g)}{Eg(eq \cdot g)}}{V(L)}; \text{ sendo } n_{Eg} = \frac{m(g)}{Eq(eq \cdot g)}$$

Note que, antes de calcularmos a concentração normal, precisamos calcular o número de equivalente-grama, que vai variar para cada composto e cada classe de composto. Em resumo, o Eg vai variar de acordo com o número de hidrogênios ionizáveis (n_{H^+}) para um ácido; o número de hidroxilas ionizáveis (n_{OH^-}) para uma base; e número de elétrons envolvidos (n_{e^-}) para um sal; em todo caso, sempre relacionando com a massa molar (MM) do composto, ou seja:

Equação 6.10, Equação 6.11 e Equação 6.12

$$Eg_{(ácido)} = \frac{MM}{n_{H^+}}; \quad Eg_{(base)} = \frac{MM}{n_{OH^-}}; \quad Eg_{(sal)} = \frac{MM}{n_{e^-}}$$

Exemplificando

Sabendo que 98 g de ácido sulfúrico (H_2SO_4; MM = 98 g/mol) estão contidos em 1 L de solução, a normalidade para esse ácido pode ser calculada da seguinte maneira:

$$Eg_{(H_2SO_4)} = \frac{98}{2} = 49 \text{ eq} \cdot \text{g}$$

$$n_{Eg} = \frac{98 \text{ g}}{49 \text{ eq} \cdot \text{g}} = 2 \text{ eq}^{-1}$$

$$N = \frac{2 \text{ eq}^{-1}}{1 \text{ L}} = 2 \text{ N}$$

Para o caso do NaCl (35,9 g em 100 mL) e, de acordo com a ligação iônica envolvida, um elétron do sódio (Na) é doado para o átomo de cloro (Cl). Portanto, há um elétron envolvido na ligação, assim, a concentração normal seria:

$$Eg_{(NaCl)} = \frac{58,44}{1} = 58,44 \text{ eq} \cdot \text{g}$$

$$n_{Eg} = \frac{35,9 \text{ g}}{58,44 \text{ eq} \cdot \text{g}} = 0,614 \text{ eq}^{-1}$$

$$N = \frac{0,614 \text{ eq}^{-1}}{0,1 \text{ L}} = 6,14 \text{ N}$$

6.1.5 Molalidade

Por fim, a concentração em molalidade (W) é expressa pelo número de mols do soluto (n) que estão inseridos em cada quilograma de solvente ($m_{solvente}$), a unidade no SI é o molal (Equação 6.13), e é uma concentração particularmente útil em cálculos envolvendo propriedades coligativas da matéria.

Equação 6.13

$$W = \frac{n(mol)}{m_{solvente}(kg)}$$

No caso da solução saturada de NaCl (35,9 g em 100 mL), considerando que 1 mL de água é igual a 1 g, a concentração molal seria:

$$n_{NaCl} = \frac{35,9 \text{ (g)}}{58,44 \text{ g/mols}} = 0,0614 \text{ mols}$$

$$W = \frac{0,614 \text{ mol}}{0,1 \text{ kg}} = 2,14 \text{ mols}$$

6.2 Diluições

A diluição de soluções é muito presente no nosso cotidiano – ao prepararmos uma limonada e verificarmos que ela ficou muito "forte", adicionamos água para diluir e torná-la menos "forte". O conceito de *forte* ou *fraco* no cotidiano está atribuído ao quão concentrada está a solução: uma limonada muito "forte" está bem concentrada e, ao torná-la menos "forte", a concentração se torna mais diluída.

Vimos, na seção anterior, diversas maneiras de expressar e calcular a concentração das soluções. Entretanto, em química, a expressão mais utilizada atualmente é a concentração molar (mol/L). Você sabe como é feito o cálculo de diluição? Em análises químicas, frequentemente, é necessário conhecer exatamente a concentração das soluções e não unicamente saber se está concentrada ou diluída.

Para resolvermos isso, baseamo-nos no igual do número de mols antes e depois da diluição, como expressam as Equações 6.14 e 6.15, ou seja, o número de mols presente na alíquota da solução concentrada que foi diluída será o mesmo antes e depois da diluição; o que mudará é o volume e a concentração das duas soluções envolvidas, assim, sabendo que $n_{\text{solução concentrada}} = n_{\text{solução diluída}}$ e que n é calculado por:

$$n = C\left(\frac{mol}{L}\right) \cdot V(L) \text{ ou } n = \frac{m(g)}{MM\left(\frac{g}{mol}\right)}$$

Então:

Equação 6.14 e Equação 6.15

$$C_1 \cdot V_1 = C_2 \cdot V_2 \text{ ou } \frac{m_1}{MM_1} = \frac{m_2}{MM_2}$$

Como em soluções normalmente trabalhamos com volumes e concentrações, a primeira expressão é mais usual (Equação 6.14), sendo:

- C_1, concentração da solução concentrada;
- V_1, volume da solução concentrada, utilizado para a diluição;
- C_2, concentração da solução diluída;
- V_2, volume da solução diluída.

Exemplificando

Desejamos preparar 1 L de uma solução de ácido clorídrico (HCl) 1 mol/L e, em seguida, com base nessa solução, preparar 250 mL de solução com concentração 0,1 mol/L, 0,05 mol/L e 0,025 mol/L.

Para prepararmos essa solução, primeiramente, precisamos saber qual é a concentração do ácido clorídrico PA. Geralmente, o reagente é vendido com a indicação de 37% (v/v), ou seja, a cada 100 mL do produto comercial, apenas 37 mL são, realmente, do ácido. Sabendo, ainda, que a densidade desse ácido é 1,18g/mL e que a massa molar do HCl é 36,46 g/mol; então, a concentração molar (C) do ácido comercial concentrado pode ser calculada da seguinte forma:

1 mL ------------------ 1,18 g

37 mL ----------------- Xg → X = 43,66 g

Portanto:

$$C = \frac{43,66\, g}{36,46\, \frac{g}{mol} \cdot 0,1\, L} = 11,97\, mol/L$$

Para preparar a primeira solução de HCl (1 mol/L), precisamos diluir o ácido do frasco comercial concentrado; então, precisamos saber que volume de solução desejamos preparar (1 L), a concentração (1 mol/L) e o volume de ácido concentrado que será coletado para a diluição. Esse valor de volume pode ser obtido conhecendo a concentração do ácido concentrado (11,97 mol/L) e pela relação de igualdade do número de mols, antes e depois da diluição:

$$11{,}97\frac{mol}{L} \cdot V_1 = 1\frac{mol}{L} \cdot 1\,L$$

$V_1 = 0{,}0835\,L = 83{,}5\,mL$

Portanto, para obtermos uma solução de concentração 1 mol/L, precisamos coletar uma alíquota de exatos 83,5 mL do frasco de HCl comercial e, então, diluir esse volume até completar 1000 mL (1 L). As vidrarias comuns utilizadas em preparo e diluição de soluções são: pipeta volumétrica ou graduada, ou, ainda, micropipeta e balão volumétrico, como você pode ver na Figura 6.2:

Figura 6.2 – Pipeta graduada (A), pipeta volumétrica (B), micropipeta (C) e balão volumétrico (D)

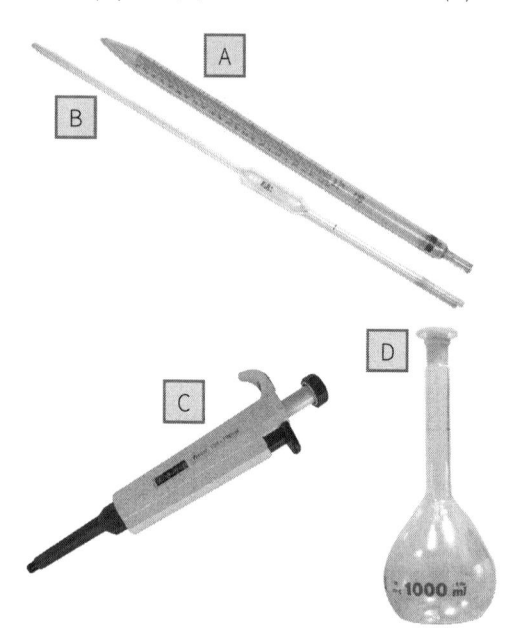

Para prepararmos as outras diluições com base na solução inicial preparada (1 mol/L), basta fazermos os cálculos de igualdade de número de mols antes e depois da diluição, para sabermos qual o volume da solução mais concentrada que deve ser medido para preparar o volume determinado na concentração determinada. Assim, para os três casos, temos a seguinte situação, para preparar a solução 0,1 mol/L:

$$1\frac{mol}{L} \cdot V_1 = 0,1\frac{mol}{L} \cdot 0,25\ L$$

$$V_1 = 0,025\ L = 25\ mL$$

Para preparar a solução 0,05 mol/L:

$$1\frac{mol}{L} \cdot V_1 = 0,05\frac{mol}{L} \cdot 0,25\ L$$

$$V_1 = 0,0125\ L = 12,5\ mL$$

Para preparar a solução 0,025 mol/L:

$$1\frac{mol}{L} \cdot V_1 = 0,025\frac{mol}{L} \cdot 0,25\ L$$

$$V_1 = 0,00625\ L = 6,25\ mL$$

6.3 Padronização de soluções

Laboratórios de análises química, normalmente, recebem uma demanda grande de determinados reagentes, como ácidos e bases. Todavia, na grande maioria dos casos, esses reagentes não são padrões primários e precisam ser padronizados pela comparação com compostos que apresentam as características necessárias de um padrão primário.

Um padrão primário ideal deve contar com as seguintes características:

- possuir alto grau de pureza, pelo menos 99,95%;
- de fácil secagem;
- estável em solução e no estado sólido;
- não ser hidroscópico (absorver água) nem reagir com os componentes do ar, ou com a luz.

Alguns dos padrões primários mais utilizados e sua aplicação são apresentados no Quadro 6.1. Confira:

Quadro 6.1 – Padrões primários e aplicação em padronização

Padrão primário	Aplicação na padronização de
Hidrogenoftalato de potássio	Bases
Carbonato de sódio	Ácidos
Arsenito de sódio	Periodato de sódio
Bromato de potássio	Tiossulfato de sódio
Cloreto de sódio	Nitrato de prata
Zinco (em pó)	EDTA

Precisamos padronizar soluções que não apresentam características de padrão primário para conhecer, com absoluta certeza, a concentração do reagente, o que não é possível unicamente pela pesagem e diluição adequada. Quando desejamos preparar 1 L de solução de hidróxido de sódio (NaOH, massa molar 40 g/mol) com concentração 0,1 mol/L, pesa-se 4 g do reagente que é dissolvido em 1 L de água em aferido em balão volumétrico:

$$C = \frac{4\,g}{40\,\frac{g}{mol} \cdot 1\,L} = 0{,}1\ mol/L$$

Todavia, uma das características do hidróxido de sódio é que ele é extremamente hidroscópico, embutindo erros na pesagem do reagente, portanto a solução precisa ser padronizada com hidrogenoftalato de potássio. A reação descrita a seguir mantém uma relação de 1:1, ou seja, um mol de hidrogenoftalato de potássio reage com um mol de hidróxido de sódio:

Equação 6.16

$$KHC_8H_4O_{4(aq)} + NaOH_{(aq)} \rightarrow KNaC_8H_4O_{4(aq)} + H_2O_{(l)}$$

Nessa reação, o pH da solução vai se alterar e pode ser modificado por um indicador ácido-base, por exemplo, a fenolftaleína. Inicialmente, há grande quantidade de OH^- livre, fazendo com que o pH seja básico e a solução, na presença de fenolftaleína, fique rosa. No ponto de equivalência, quando não há mais hidróxido de sódio livre, há a variação brusca da cor, passando para incolor.

Exemplificando

Considerando que, para consumir 0,4000 g de hidrogenoftalato de potássio dissolvido em 50 mL, foram utilizados 15,5 mL da solução de NaOH preparada, a concentração real da solução de NaOH pode ser definida, primeiramente, pelo cálculo do número de mols de hidrogenoftalato de potássio utilizados, ou seja:

$$n = \frac{0,4000\,g}{204,22\,\frac{g}{mol}} = 0,001959 \text{ mol/L}$$

Como um mol de hidrogenoftalato reage com um mol de NaOH, o número de mols de NaOH em 15,5 mL da solução é 0,001959 mols. Para obtermos a concentração da solução, basta dividirmos o número de mols pelo volume em litros, então:

$$C = \frac{n(mol)}{V(L)} = \frac{0,001959\,mol}{0,0155\,L} = 0,126\,\frac{mol}{L}$$

Perceba que a concentração real da solução de NaOH é diferente da concentração teórica (0,1 mol/L). Portanto, precisamos inserir um fator de correção (*fc*) da concentração, que é calculado pela razão entre a concentração real (*Cr*) pela teórica (*Ct*):

$$fc = \frac{Cr(mol/L)}{Ct(mol/L)} = \frac{0,126\,mol/L}{0,1\,mol/L} = 1,26$$

Depois da padronização da solução de NaOH com a correção da concentração, ela passa a ser um padrão secundário, ou seja, que teve sua concentração determinada pela comparação com um padrão primário.

No caso de soluções ácidas, podemos utilizar o carbonato de sódio como padrão primário na padronização.

Exemplificando

Um laboratorista preparou uma solução de ácido clorídrico (HCl) 0,1 mol/L, mas, como não se trata de um padrão primário, separou uma alíquota de 20 mL da solução preparada que foram padronizadas com solução-padrão de Na_2CO_3 0,1 mol/L, gastando um total de 11 mL e utilizando indicador colorimétrico. Para determinar a concentração real de ácido clorídrico, é preciso, primeiro, conhecer a reação estequiométrica envolvida:

Equação 6.17

$$2HCl_{(aq)} + Na_2CO_{3(aq)} \rightarrow 2NaCl_{(aq)} + CO_{2(g)} + H_2O_{(l)}$$

Observe que a relação de número de mols envolvidos é de dois mols de HCl para um mol de Na_2CO_3, ou seja, o número de mols de Na_2CO_3 gastos é apenas metade o número de mols de HCl contido na alíquota, assim:

$$n_{Na_2CO_3} = C\left(\frac{mol}{L}\right) \cdot V(L) = 0{,}1 \frac{mol}{L} \cdot 0{,}011\ L = 0{,}0011\ mol$$

2 mol (HCl) ---------------- 1 mol (Na_2CO_3)

X mol (HCl) ---------------- 0,0011 mol (Na_2CO_3)

X = 0,0022 mol

Para expressarmos o resultado em termos de concentração molar, basta dividirmos o número de mols pelo volume da alíquota (20 mL), então:

$$C = \frac{0{,}0022\ mol}{0{,}02\ (L)} = 0{,}11 \frac{mol}{L}$$

Novamente, para esse caso, observamos que a concentração real não é igual à concentração teórica. Portanto, precisamos inserir um fator de correção (fc), da mesma forma como calculado para o caso da padronização da solução de NaOH.

$$fc = \frac{Cr(mol/L)}{Ct(mol/L)} = \frac{0,11\,mol/L}{0,1\,mol/L} = 1,1$$

Por meio disso, a solução de ácido clorídrico padronizada passa a ser um padrão secundário. Frequentemente, em laboratórios realiza-se a padronização do ácido ou da base não padronizados por meio de uma titulação de neutralização ácido-base com uma base ou ácido que já foram padronizados (padrão secundário).

Nesse caso, por exemplo, a solução padronizada de HCl pode ser usada para padronizar uma solução básica como uma solução de KOH, teoricamente preparada para concentração 0,1 mol/L. A padronização se baseia em uma reação de neutralização com indicador colorimétrico adequado (geralmente, fenolftaleína), como expresso na Equação 6.18:

Equação 6.18

$HCl_{(aq)} + KOH_{(aq)} \rightarrow KCl_{(aq)} + H_2O_{(l)}$

Exemplificando

Suponha que 15 mL da solução não padronizada de KOH, de concentração teórica 0,1 mol/L, foi titulada com a solução-padrão de HCl (0,11 mol/L), gastando um volume de 16 mL. A concentração real solução básica pode ser obtida por meio da relação estequiométrica da reação de neutralização, como um mol desse ácido reage com um mol dessa base, o número de mols de HCl presentes no volume gasto é equivalente ao número de mols de KOH presentes em 15 mL, assim:

$n_{HCl} = n_{KOH}$

$n_{HCl} = C\left(\dfrac{mol}{L}\right) \cdot V(L) = 0{,}11 \dfrac{mol}{L} \cdot 0{,}016\ L = 0{,}00176\ mol$

Para expressarmos em concentração, basta dividirmos o número de mols pelo volume da alíquota:

$C = \dfrac{0{,}00176\ mol}{0{,}0015\ (L)} = 0{,}12\ mol/L$

O mesmo cálculo é necessário para inserirmos um fator de correção nesse caso, pois a concentração real após a padronização não é igual à concentração teórica. Assim, para esse caso, o fator de correção para a solução padronizada de KOH seria:

$fc = \dfrac{Cr(mol/L)}{Ct(mol/L)} = \dfrac{0{,}12\ mol/L}{0{,}1\ mol/L} = 1{,}2$

6.4 Controle de qualidade

A palavra *qualidade*, em produção industrial, insere-se tanto na necessidade de um produto final estar em conformidade com os requisitos atribuídos a ele quanto ao processo de produção como um todo. O **controle de qualidade** é um processo amplo, que visa corrigir eventuais diferenças nos requisitos do produto quando ele está em construção, bem como analisar a qualidade durante todo o ciclo do produto, desde sua produção, armazenamento até o consumo.

Toda empresa de produção de produtos deve, obrigatoriamente, ter um laboratório de controle de qualidade que seja próprio e independente da linha de produção. Em caso de terceirização do controle de qualidade, a empresa contratada deve, igualmente, seguir a legislação vigente. Os responsáveis pelo controle de qualidade são encarregados de elaborar, atualizar e revisar as especificações quanto a matérias-primas, ao produto acabado e, igualmente, ao processo de produção, ou, ainda, a qualquer procedimento que, de alguma maneira, possa influenciar na qualidade do produto.

Importante!

De modo geral, o controle de qualidade é dividido em:

- controle microbiológico;
- controle de processo;
- controle de materiais de embalagem;
- controle físico-químico, sendo este último o foco da discussão desta seção.

O objeto de monitoramento, em uma visão geral, se encaixa em:

- matérias-primas;
- materiais de embalagem;
- água de processo;

- produtos em processo de fabricação;
- produtos em desenvolvimento;
- produtos acabados e a contaminação ambiental.

Os padrões de qualidade no controle de qualidade vão variar muito de produto para produto quanto aos aspectos gerais e valores absolutos. Todavia, os principais parâmetros envolvem propriedades organolépticas, tais como aroma, odor e, em alguns casos, sabor; por exemplo, a água pura não deve apresentar nenhum aroma, nem odor, nem sabor. Os principais parâmetros físico-químicos são:

- pH;
- viscosidade;
- densidade;
- teor do componente ativo;
- granulometria.

6.4.1 Parâmetro do PH

O pH pode ser analisado por indicadores colorimétricos, tais como:

- **Papel tornassol vermelho**: usado para indicar pH básico, ou seja, quando mergulhado em soluções básicas, torna-se azul; se mergulhado em solução ácida, ele permanece vermelho;

- **Papel tornassol azul**: empregado para indicar pH ácido, ou seja, quando mergulhado em soluções ácidas, torna-se vermelho; se mergulhado em solução básica, permanece azul.
- **Papel tornassol neutro**: que pode ser utilizado para determinar ambos: em contato com ácido, torna-se vermelho e, com base, torna-se azul. Entretanto, o uso de papel tornassol é um indicador qualitativo, ou seja, não fornece valores numéricos precisos de pH, mas apenas que a solução está com pH ácido (pH < 7) ou com pH básico (pH > 7).

Outro indicador colorimétrico que pode ser utilizado é o papel indicador universal, que apresenta uma escala de cores e uma tabela de cores que fornecerão a resposta de qual pH se encontra (ácido ou básico) e uma região de valor de pH possível, como ilustrado na Figura 6.3. Contudo, pequenas variações não podem ser observadas.

Para obtermos o valor preciso do pH de determinada amostra, precisamos utilizar a **potenciometria**, que se baseia na diferença de potencial de um eletrodo indicador quando na presença de íons H_+^- a diferença é quantitativamente medida e será maior ou menor de acordo com a concentração de H^+ ou OH^- na solução. De modo geral, o pH de amostras de interesse, sejam produtos, sejam efluentes, dependerá da especificação ou padrão de qualidade estabelecido em legislação. Por exemplo: o pH ideal está entre 6,60 e 6,75 para o leite UHT integral; valores abaixo ou acima indicam que o produto está fora do padrão de qualidade com relação ao pH.

Figura 6.3 – Papel indicador universal de pH e tabela de comparação de cor

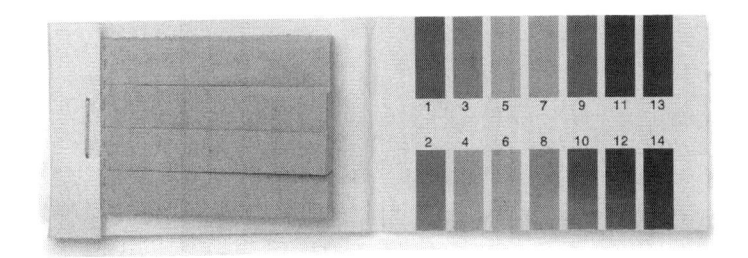

6.4.2 Parâmetro da viscosidade

Cada amostra ou produto deve apresentar uma viscosidade adequada e se enquadrar nas especificações estabelecidas para aquele material; em outras palavras, a viscosidade mede a fluidez e/ou consistência e pode ser obtida por meio de um viscosímetro, que fornece dados reológicos do material de análise, por exemplo: o vidro é um líquido, porém possui altíssima viscosidade. Ela pode ser particularmente importante, dependendo do produto – para óleos lubrificantes, o padrão de viscosidade específico para cada produto é fundamental no seu desempenho como lubrificante e, se estiver alterada, pode comprometer, ou mesmo danificar, um motor onde o óleo esteja inserido.

Outro método não usual de determinação da viscosidade é pela velocidade de deslocamento de uma esfera em um líquido de viscosidade desconhecida – a densidade da esfera deve ser maior do que a do líquido. Além de constantes físicas, o cálculo envolve propriedades e medidas da esfera e do líquido e a velocidade de deslocamento da esfera no líquido.

6.4.3 Parâmetro da densidade

Paralelamente à viscosidade, há também o padrão de densidade, uma propriedade específica que pode ser utilizada para diferenciar e identificar substâncias e mede a relação entre massa/volume de um determinado corpo; sua unidade no SI é kg/m^3. A densidade para sólidos de formas regulares pode ser facilmente calculada por meio da medida da massa do sólido e do cálculo do volume do sólido. Suponha que a massa de um cubo de madeira é 10,0 g e que ele apresenta arestas (L) iguais a 3 cm, logo o volume (V_{cubo}) desse cubo é calculado da seguinte maneira:

Equação 6.19

$$V_{cubo} = L^3$$

$$V_{cubo} = 0,0300^3 = 0,0000270 \text{ m}^3$$

Portanto, a densidade (d) do cubo é:

$$d = \frac{m(kg)}{V(m^3)} = \frac{0,0100 \text{ kg}}{0,0000270 \text{ m}^3} = 370 \text{ kg/m}^3$$

Quando se trata de sólidos irregulares, aplicamos o princípio de Arquimedes, que diz que "o volume de um sólido é proporcional ao volume de água que ele desloca". Assim, utilizando uma bureta graduada, podemos obter o volume de sólidos com formas geométricas irregulares como a de um parafuso, como ilustrado na Figura 6.4:

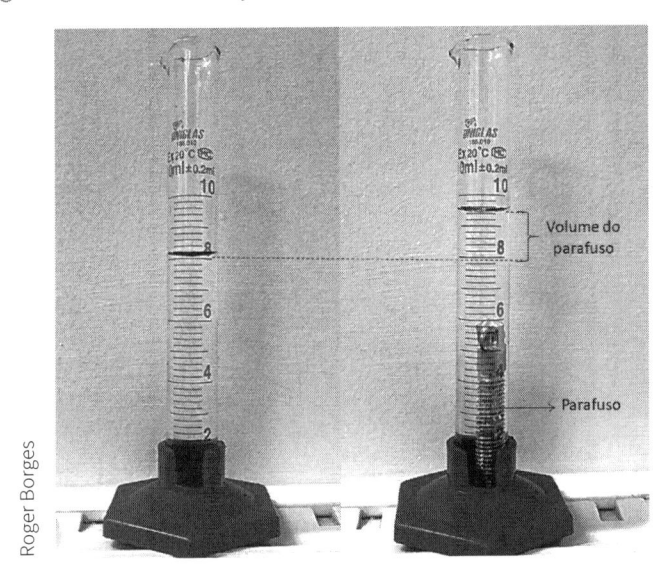

Figura 6.4 – Determinação do volume de um parafuso

Para líquidos, de modo geral, o modo mais comum e fácil de medir a densidade é utilizar densímetros: basta mergulharmos o aparato no líquido e lermos a densidade indicada. Substâncias puras apresentam valores bem estabelecidos de densidade, todavia não é a grande realidade da produção industrial, que, normalmente, trabalha com uma mistura de substância. Nesse caso, determinamos a densidade de acordo com a proporção de cada um dos componentes da mistura, por isso é uma propriedade muito importante no controle de qualidade.

Exemplificando

A gasolina comum, uma mistura de hidrocarbonetos e álcool, deve apresentar densidade entre 0,7350 g/cm^3 e 0,7650 g/cm^3. Valores fora dessa faixa são fortes indícios de gasolina adulterada.

6.4.4 Parâmetro do teor do componente ativo

A determinação do teor do componente ativo pode envolver os mais variados tipos de métodos analíticos ou combinação de métodos. Para exemplificarmos, trataremos de um exemplo de determinação de fármacos em medicamentos, a determinação da pureza de reagentes e a determinação do teor de ácidos produtos.

6.4.4.1 Determinação de fármacos em medicamentos

Componentes orgânicos como fármacos, na grande maioria dos casos, são determinados por técnicas instrumentais cromatográficas. Atualmente, a cromatografia líquida de alta eficiência (Clae) vem sendo amplamente utilizada para determinar o componente ativo de medicamentos e produtos em geral. Por exemplo: ela pode ser utilizada para separar quantitativamente e determinar orfenadrina, paracetamol e cafeína presentes em formulações farmacêuticas. Esses três componentes juntos fazem parte da composição de comprimidos para dores, atuando como anestésico e relaxante muscular, contudo há uma proporção específica, segundo um padrão de qualidade estabelecido e estudado por cada laboratório que produz esse tipo de medicamento, para garantir que cada lote de produção atenda a essa especificação, utilizada pela Clae para determinar o teor de cada componente ativo do medicamento.

A Clae baseia-se na solubilização da amostra em solvente apropriado; em seguida, a solução é bombeada, passando por uma coluna cromatográfica contendo um material adsorvente, então, os diferentes componentes da amostra interagem de maneira diferenciada com o material adsorvente, permitindo a separação dos componentes. Na sequência, o equipamento mede uma resposta mensurável que é proporcional ao teor de cada componente.

6.4.4.2 Determinação de pureza dos reagentes

Para determinação da pureza de um reagente, é possível utilizar técnicas gravimétricas. Normalmente, os frascos dos reagentes devem conter a indicação da pureza – isso é fundamental, principalmente, quando utilizamos esses reagentes em reações estequiométricas em que seja necessário conhecer exatamente a quantidade de reagentes envolvidos na reação. Por exemplo: um frasco de cloreto de potássio (KCl) que tenha a informação de pureza igual a 98% indica que, ao coletar 100 g desse reagente, 98 g será efetivamente de KCl; os 2% restantes são impurezas. Nesse caso específico, podemos realizar a determinação de íons cloreto pela precipitação gravimétrica com solução-padrão de íons prata, como a concentração de íons cloreto é igual à concentração de KCl, por regra de três simples, é possível determinar o teor de KCl na massa da amostra original, como expresso nas Equações 6.20 e na 6.21:

Equação 6.20

$$1KCl_{(s)} \rightarrow 1K^+_{(aq)} + 1Cl^-_{(aq)}$$

Equação 6.21

$$1Cl^-_{(aq)} + Ag^+_{(aq)} \rightarrow 1AgCl_{(s)}$$

6.4.4.3 Qualidade de volumetria ácido-base

Outro método muito utilizado no controle de qualidade é a volumetria ácido-base, ou titulação ácido-base. Ela pode ser muito útil na determinação do teor de ácido acético no vinagre; na realidade, a composição básica do vinagre é uma solução diluída de ácido acético, cujo teor, no vinagre, é de aproximadamente 4% (m/v), podendo variar um pouco após longo tempo com o frasco aberto. No entanto, o produto comercial deve ter a indicação do teor do ácido e deve seguir especificações de qualidade. Pela reação de neutralização desse ácido com uma solução básica padrão, por exemplo, de NaOH, pela relação do número de mols no ponto de equivalência, podemos obter a concentração do ácido no produto, como confirmamos pela Equação 6.22:

Equação 6.22

$$CH_3COOH_{(aq)} + NaOH_{(aq)} \rightarrow CH_3COONa_{(aq)} + H_2O_{(l)}$$

6.4.5 Parâmetro da granulometria

Por fim, entre os principais parâmetros monitorados no controle de qualidade, talvez, o mais difícil de manter com precisão seja a granulometria e, principalmente, o tamanho de partícula. Obviamente, os valores absolutos dependem de qual produto está em questão, mas o fato é que variações nesses parâmetros podem afetar muito outras características gerais das amostras, como resistência mecânica, densidade, propriedades térmicas e elétricas, entre outras.

6.5 Aula prática 4: volumetria de oxirredução determinação de cloro ativo em água sanitária

A água sanitária é produto comercial caracterizado, principalmente, por uma solução diluída de hipoclorito de sódio. Esse composto pode ser obtido por meio da neutralização ácido-base entre ácido hipocloroso e hidróxido de sódio, como expresso na Equação 6.23:

Equação 6.23

$$HClO_{(aq)} + NaOH_{(aq)} \to NaClO_{(aq)} + H_2O_{(l)}$$

Como sabemos, é um produto muito utilizado como alvejante e agente bactericida, e o teor de cloro ativo nos produtos à base de hipoclorito de sódio está entre 2 a 2,5%. Uma forma muito utilizada para determinar o teor de cloro ativo em água é pela volumetria de oxirredução de tiossulfatometria, ou iodometria.

O tiossulfato de sódio é um sal incolor, muito solúvel em água, que pode ser considerado um padrão primário se seco em 120 °C e armazenado adequadamente. Todavia, é instável e pode ser degradado pela ação de bactérias. A reação de oxidação e redução do tiossulfato envolvida na titulação consiste na oxidação do enxofre bivalente (nox 2⁺) em enxofre tetravalente (nox 4⁺):

Equação 6.24

$$2S_2O_3^{2-} \rightleftharpoons S_4O_6^{2-} + 2e^-$$

No entanto, ambas as espécies são incolores e, com isso, a reação precisa de um indicador. É nesse sentido que a reação frequentemente é denominada *iodometria*, pois utilizamos reações de oxidação e redução ente o iodo e o íon iodeto durante o processo. Observe:

Equação 6.25

$$I_2 + I^- \rightleftharpoons I_3^-$$

Íons iodeto são ótimos agentes redutores em presença de fortes oxidantes formando, no processo, quantidade equivalente de iodo. O iodo que é formado no processo pode ser, então, titulado com solução-padrão de tiossulfato de sódio.

Na determinação do teor de cloro ativo em água sanitária, utilizamos goma de amido como indicador, que forma um composto de cor azul intensa quando na presença de iodo (I_2). Primeiramente, a solução de água sanitária é titulada com excesso de iodeto de potássio na presença de ácido:

Equação 6.26

$$OCl^- + 2I^- + 2H^+ \rightleftharpoons Cl^- + I_2 + H_2O_{(l)}$$

A solução passa a ter cor azul intenso; em seguida, o iodo formado é titulado com solução-padrão de tiossulfato de sódio, sendo, então, reduzido a íon iodeto, que não apresenta cor quando na presença de amido e oxida o enxofre no íon tiossulfato:

Equação 6.27

$$I_2 + 2S_2O_3^{2-} \rightleftharpoons 2I^- + S_4O_6^{2-}$$

Pelas relações estequiométricas das duas etapas principais da reação de titulação e pela relação de número de mols gastos nas titulações, podemos obter a concentração molar (M) de hipoclorito na solução da amostra, que pode, posteriormente, ser convertida em concentração em porcentagem ($C\%$), considerando o volume de solução de 100 mL.

$$M\left(\frac{mol}{L}\right) = \frac{m(g)}{MM\left(\frac{g}{mol}\right) \cdot 0{,}1\,L} \rightarrow C\% =$$

$$M\left(\frac{mol}{L}\right) \cdot MM\left(\frac{g}{mol}\right) \cdot 0{,}1\,L$$

Entretanto, a expressão utilizada no produto comercial, e para outros produtos de poder oxidantes clorados, é o cloro ativo. Assim, ele pode ser calculado por meio da concentração percentual obtida para o hipoclorito de sódio na amostra, que é, então, convertida no equivalente cloro ativo. O cálculo envolve, basicamente, a relação das massas molares dos compostos:

$$\frac{MM_{Cl_2}}{MM_{NaClO}} = \frac{71}{74,5} = 0,953 \rightarrow \text{Cloro ativo} = C\% \text{ de NaClO} \cdot 0,953$$

6.5.1 Objetivos gerais e específicos

Nesta aula prática, de modo demonstrativo, aplicaremos os conceitos de titulação de oxidação-redução para determinar a concentração de cloro ativo em uma amostra de água sanitária por tiossulfatometria ou iodometria.

6.5.2 Materiais e métodos

Para esta prática, são utilizadas:

- água sanitária comercial, para analisar o teor de cloro ativo nesta amostra;
- soluções de ácido sulfúrico 10% (v/v), de iodeto de potássio 20 % (m/v) e de tiossulfato de sódio 0,1 mol/L.

As vidrarias envolvidas, nesta prática, são as mesmas aplicadas para qualquer titulação convencional.

Primeiramente, fazemos a diluição da amostra original do frasco: transferimos uma alíquota de 10 mL por meio de uma pipeta para um balão volumétrico de 100 mL, e o volume é completado até o menisco. Em seguida, transferimos 10 mL da solução diluída de hipoclorito recém-preparada, 10 mL da solução ácida (H_2SO_4, 10%) e 10 mL da solução de iodeto de potássio a 20% e mais 5 mL de água destilada para um erlenmeyer de 250 mL. Completamos a bureta e aferimos com a solução-padrão de tiossulfato de sódio 0,1 mol/L e iniciamos a titulação até a observação do primeiro tom de amarelo na solução devido à formação de iodo (I_2).

Para finalizarmos a titulação, adicionamos 1 mL de solução de amido (5% m/v) na mistura com o surgimento da cor azul intensa; em seguida, continuamos a titulação com a solução de tiossulfato de sódio até que o azul intenso desapareça, anotando o volume gasto da solução-padrão. Como qualquer procedimento analítico, ressaltamos a importância de que o procedimento seja repetido, no mínimo, mais duas vezes.

A seguir, a Tabela 6.1 mostra dados demonstrativos realizados em triplicata.

Tabela 6.1 – Dados demonstrativos para cálculo do teor de cloro ativo

Réplica	Volume de $Na_2S_2O_3$ (L ou mL)	Teor de cloro ativo
1	6,1	
2	6,5	
3	6,4	
Média		

Analisando a estequiometria das reações envolvidas, percebemos que são necessários dois mols de tiossulfato para cada mol de iodo que se formou na solução, e a relação entre o número de mols de iodo e hipoclorito é igual a um. Portanto, calculamos o número de mols médio de tiossulfato gastos, e então dividimos por dois para encontrar o número de mols de iodo que será igual ou número de mols de hipoclorito.

$$n_{Na_2S_2O_3} = C \cdot V(L) = 0{,}1 \frac{mol}{L} \cdot V(L)$$

$$n_{I_2} = n_{NaClO} = \frac{n_{Na_2S_2O_3}}{2}$$

Então, pela igualdade do número de mols antes e depois da diluição envolvendo a alíquota do produto (10 mL), podemos calcular a concentração molar de hipoclorito de sódio no produto comercial.

$$n_{alíquota} = n_{alíquota\ diluída}$$

$$C \cdot 0{,}01\ L_{(alíquota)} = \frac{n_{Na_2S_2O_3}}{2}$$

Então, após o cálculo da concentração molar de hipoclorito de sódio no frasco do produto, precisamos transformar a concentração para percentual para, então, obtermos teor de cloro ativo, por meio das equações apresentadas na introdução da prática.

Síntese

Demonstramos neste capítulo que a preparação, a diluição e a padronização de soluções são as primeiras etapas em análises químicas e que, igualmente, necessitam de muito cuidado na sua execução, pois, quando não efetuadas de maneira correta, comprometem toda a confiabilidade de medidas analíticas. Erros de pesagem e aferição do menisco durante o preparo da solução concentrada, ou nas diluições, podem ser corrigidos de maneira eficiente com a padronização das soluções, que, basicamente, consistem em reações químicas estequiométricas e conhecidas entre a solução a ser padronizada e um padrão primário, como hidrogenoftalato de potássio ou carbonato de cálcio. Após a padronização, a solução passa a ser considerada um padrão secundário e pode ser perfeitamente utilizada, por exemplo, dentro da série de determinações de parâmetros de qualidade dos produtos, como teor de ácidos; como é o caso da determinação do teor de ácido acético no vinagre via titulação ácido-base com uma solução-padrão de hidróxido de sódio.

Também abordamos outros métodos igualmente importantes no controle de qualidade, desde técnicas mais modernas, como cromatografia, e mesmo métodos clássicos, como a gravimetria. Além disso, há uma série de outros parâmetros que devem ser rigorosamente e constantemente verificados no controle de qualidade, como densidade, viscosidade, pH etc.

A aula prática demonstrativa no final do capítulo forneceu um exemplo da utilização da volumetria de oxidação-redução na determinação do componente ativo de um produto comercial, que também se encaixa em um importantíssimo parâmetro da qualidade dos produtos.

Figura 6.5 – Representação esquemática da síntese do capítulo

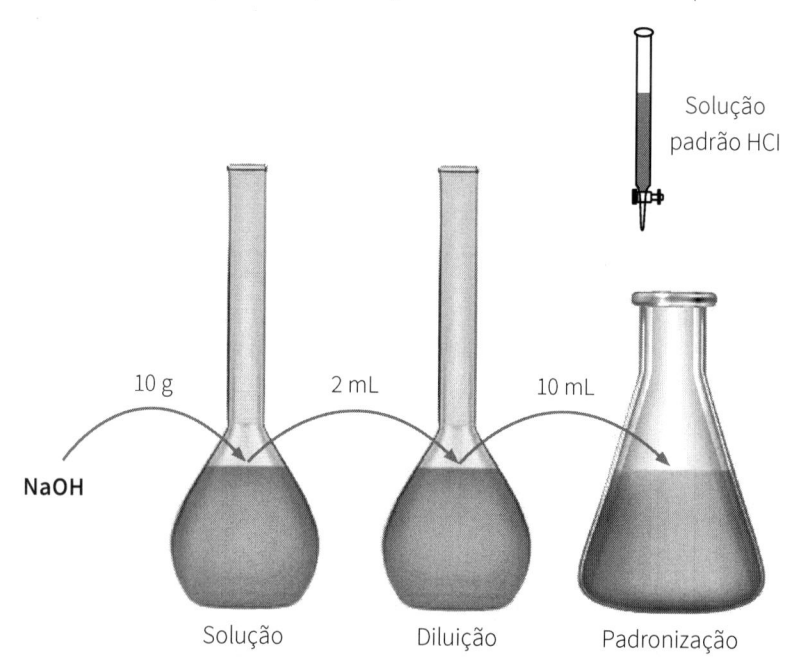

Solução padrão HCl

NaOH 10 g → 2 mL → 10 mL

Solução — Diluição — Padronização

Macrovector e Maiapassarak/Shutterstock

Atividades de autoavaliação

1. Considere três misturas: mistura 1 formada por água, NaCl e areia; mistura 2 formada por leite e água; mistura 3 formada por água, NaCl e álcool etílico. Qual(is) das misturas representa(m) solução(ões) verdadeira(s)?
   a) Mistura 1 e mistura 2, apenas.
   b) Mistura 3, apenas.
   c) Mistura 1 e mistura 3, apenas.
   d) As três misturas.
   e) Mistura 2, apenas.

2. A solubilidade dos sais depende da temperatura em que a solução está, por exemplo, para o hidróxido de sódio (NaOH). É possível observar as seguintes variações da solubilidade em água com o aumento da temperatura:

Temperatura (°C)	20	30	40	50
Solubilidade (g/100 g de H_2O)	109	119	129	145

   Se 120 g de NaOH forem dissolvidos em 100 g de água, a solução será:
   a) Insaturada a 20 °C.
   b) Saturada a 50 °C.
   c) Insaturada a 30 °C, se aquecida até 100 °C e resfriada lentamente.
   d) Supersaturada a 40 °C.
   e) Supersaturada a 30 °C, se aquecida até 100 °C e resfriada lentamente.

3. Uma das aplicações do dicromato de potássio ($K_2Cr_2O_7$) se dá nos dispositivos de determinação do teor de álcool chamados de *bafômetro*. A reação baseia-se na oxidação do etanol soprado por uma pessoa e a consequente redução do cromo presente no íon dicromato. A solubilidade do dicromato de potássio em água a 20 °C é 12,5 g para cada 100 mL de água. Sabendo disso, considere quatro tubos contendo 20 mL de água cada um em que são adicionadas diferentes quantidades de $K_2Cr_2O_7$ em cada um deles e de acordo com a seguinte tabela:

Tubo	A	B	C	D
Massa de $K_2Cr_2O_7$ (g)	1,0	2,5	5,0	7,0

Depois da devida agitação e considerando todos os tubos a 20 °C, em qual dos tubos haverá solução satura com corpo de fundo?

a) Tubos C e D.
b) Todos os tubos.
c) Nenhum tubo.
d) Tubos A e B.
e) Tubo B.

4. A quantidade de 300 mL de uma solução de ácido sulfúrico de concentração 0,4 mol/L precisa ser diluída para 0,16 mol/L para ser utilizada para neutralizar um estoque de solução básica que precisa ser descartada. Qual o volume de água que deve ser adicionado à solução concentrada para que a diluição fique na concentração desejada?

a) 750 mL.
b) 450 mL.
c) 300 mL.
d) 1050 mL.
e) 400 mL.

5. Foram dissolvidos 40 g de NaOH em 1000 mL de água. Quais serão, respectivamente, a concentração comum (C), a concentração molar (M), a concentração percentual (C%) e título (τ), a normalidade (N) e a molalidade (W)?
   a) 400 g/L; 0,1 mol/L; 40%; 4%; 1 N; 1 molal.
   b) 40 g/L; 1 mol/L; 4%; 4%; 0,1 N; 0,1 molal.
   c) 40 g/L; 1 mol/L; 4%; 4%; 1 N; 1 molal.
   d) 4 g/L; 1 mol/L; 40%; 40%; 1 N; 1 molal.
   e) 4 g/L; 0,1 mol/L; 4%; 4%; 0,1 N; 0,1 molal.

6. Se 100 mL de uma solução de sulfato de sódio (Na_2SO_4) 0,1 mol/L são adicionados a 400 mL de água, qual será a concentração de íons sódio (Na^+) e sulfato (SO_4^{2-}) na solução final, respectivamente?
   a) 0,04 mol/L e 0,02 mol/L.
   b) 0,02 mol/L e 0,02 mol/L.
   c) 0,01 mol/L e 0,02 mol/L.
   d) 0,04 mol/L e 0,04 mol/L.
   e) 0,1 mol/L e 0,02 mol/L.

7. Um xampu para lavagem de automóveis é vendido a uma concentração de 7,0%. Com objetivo de economizar na lavagem dos carros, o dono de um posto de lavagem testou uma diluição desse xampu de 3% e verificou que a solução

diluída apresentava-se igualmente eficiente na lavagem. Tendo em estoque 2 L de xampu 7,0%, qual o volume de água que deve ser adicionado para que essa solução torne-se 3%?
a) 4667 mL.
b) 4,67 L.
c) 2000 mL.
d) 2 L.
e) 2667 mL.

8. Em alguns casos, principalmente na indústria farmacêutica, é necessário o uso de água sem a presença de espécies iônicas. Um teste rápido e eficaz para determinar se há ou não íons dissolvidos na água é a medida de **condutividade térmica** que se relacionam com a concentração de **cargas elétricas** presentes na **solução**. Analise o enunciado e julgue os termos destacados como verdadeiro (V) ou falso (V).
Em seguida, indique a alternativa com a sequência obtida:
a) F, F, V.
b) F, F, F.
c) V, F, F.
d) F, V, V.
e) V, V, V.

9. A grande maioria das indústrias de produtos manufaturados gera resíduos, em especial, resíduos líquidos que representam sério problema dentro de uma indústria, pois devem ser estocados ou mesmo tratados adequadamente antes de serem descartados. Um grande volume de resíduo de uma

mistura dos ácidos HCl, H_2SO_4 e H_3PO_4 deve ser descartado, pois a indústria não dispõe de mais espaço físico para armazená-lo. O resíduo tratado:
a) Deve possuir pH fortemente ácido.
b) Deve apresentar cor rosa na presença de fenolftaleína.
c) Deve apresentar pH neutro ou em torno da neutralidade.
d) Deve ter temperatura 100 vezes maior do que o corpo aquático de descarte.
e) Nenhuma das alternativas está correta.

10. Uma amostra de um lote de um produto, ao passar pelos testes de controle de qualidade, padrões de um laboratório, apresentou pH alterado ao da especificação. Sabendo disso, o responsável técnico deve:
    a) Buscar possíveis formas de recuperação do lote para que o produto se enquadre nas especificações.
    b) Descartar todo o lote, pois nunca será possível corrigir eventuais falhas na qualidade de um lote do produto.
    c) Passar o produto para a venda mesmo assim.
    d) Processar o laboratório que realizou os testes de controle de qualidade.
    e) Misturar o lote com problema com outros lotes dentro das especificações.

Atividades de aprendizagem

Questões para reflexão

1. O controle de qualidade pode variar muito de acordo com o contexto, ou mesmo com o tipo de produto quando se trata do controle de qualidade de produtos manufaturados. No entanto, em indústrias, o conceito de controle de qualidade engloba todo o âmbito de produção, envolvendo, inclusive, aspectos ambientais. Uma das principais preocupações que as indústrias cuja produção gere gases é quanto à qualidade do ar relacionado ao descarte de gases potenciais poluentes na atmosfera. Que tipo de análises químicas básicas está envolvido nos parâmetros de qualidade do ar contra gases potenciais poluentes?

2. Em padronizações de soluções ácidas ou básicas, são necessários indicadores visuais que mudam a sua cor de acordo com o pH da solução. Talvez, o mais utilizado em laboratórios seja o indicador fenolftaleína; todavia, na natureza, é possível encontrar exemplos de indicadores naturais de pH. Pesquise e busque exemplos desses indicadores naturais, bem como a composição química do componente indicador presente.

Atividades aplicadas: prática

1. Faça um levantamento de quais indústrias possuem laboratórios de controle de qualidade próprios e quais utilizam laboratórios terceirizados. Elabore um questionário que contemple o número de funcionários, a demanda mensal, os principais parâmetros de análise etc. O questionário pode ser enviado via internet, utilizando ferramentas como o Google Forms, ou pessoalmente. Com base nesses dados, você poderá fazer, sozinho ou em grupos, um levantamento estatístico do que pode influenciar uma indústria a ter seu próprio laboratório ou terceirizar o serviço, além de avaliar quais as demandas de análise mais presentes, e como isso pode estar relacionado com aspectos locais e regionais.

Considerações finais

Ao finalizarmos esta obra, ressaltamos a necessidade de exemplos didáticos próximos ao seu futuro cotidiano profissional do estudante/leitor, que devem ir além da simples ilustração e oferecer um passo a passo que permita a compreensão de como o problema foi solucionado, para que, mesmo em situações em que eles não se apliquem totalmente, o estudante/leitor possa raciocinar e buscar a solução dessa nova problemática com base em seu conhecimento.

É nesse sentido que, muitas vezes, cálculos matemáticos e estatísticos básicos precisam ser discutidos para que o entendimento da química analítica vá além da simples aplicação de fórmulas e consiga ser coerente na interpretação do que é preciso resolver e como resolver, como abordamos, por exemplo, no Capítulo 1, propiciando a compreensão de conceitos básicos em química analítica quantitativa por meio de um suporte matemático básico, como o caso de regras de três, muito utilizadas em cálculos estequiométricos de rendimento e pureza de processos e analitos.

Como abordado ao longo da obra, cada método dependerá da situação-problema a ser resolvida. Por essa razão, no Capítulo 2, tratamos dos principais pontos que devem ser observados, desde amostragem, escolha do método adequado para aquela amostra e analito, até as formas adequadas de tratar e apresentar os dados, bem como as possíveis curvas de calibração que, para muitos métodos, são essencialmente necessárias para obtenção de dados quantitativos.

Os principais e mais usuais grupos de métodos analíticos de análise – gravimétricos e volumétricos – foram abordados nos capítulos seguintes. A gravimetria de precipitação é um dos métodos mais utilizados, já que a precipitação é um dos grandes limitantes de métodos gravimétricos. Na volumetria, o método mais empregado é a volumetria ácido-base de neutralização, muito utilizada na padronização de produtos ácidos e básicos. Os métodos complexométricos, que fazem parte da volumetria, mas partem do princípio da formação de complexos com cátions metálicos, por exemplo, com Ca^{2+} e Mg^{2+} – importante indicadores de qualidade em águas de abastecimento, ou mesmo em outras amostras como o leite – foram detalhados no Capítulo 5.

A discussão exemplificativa de conceitos básicos necessários para o ofício em qualquer laboratório de análise, como o preparado de soluções e diluições de soluções, e como proceder à padronização dessas soluções, para que possam ser utilizadas como padrões secundários em análises de controle de qualidade, por exemplo, foi tratada no Capítulo 6.

Desse modo, confirmamos que esta obra se baseia em uma construção diversificada de estudos clássicos dentro da gravimetria e volumetria em química analítica, tentando, ao máximo, levar em consideração os diferentes níveis de conhecimento do estudante/leitor sobre o assunto, para que, com um bom engajamento e aproveitamento do livro, possa haver um desenvolvimento profissional adequado e elevado.

Referências

ABNT – Associação Brasileira de Normas Técnicas. **NBR 9425**: hipoclorito de sódio: determinação de cloro ativo: método volumétrico. Rio de Janeiro, 2004.

BACCAN, N. et al. **Química analítica quantitativa elementar**. 3. ed. São Paulo: E. Blücher, 2001.

BARDINE, R. Soluções. **Cola da Web**. Disponível em: <https://www.coladaweb.com/quimica/fisico-quimica/solucoes>. Acesso em: 24 abr. 2020.

BIPM – Bureau International des Poids et Mesures. **International Vocabulary of Metrology**: Basic and General Concepts and Associated Terms (VIM). Paris, 2012.

DURLI, T. Aprendendo regra de três de forma divertida e contextualizada. **Cadernos PDE**, Pato Branco, 2013.

CANZIAN, R. **Análise do princípio de Le Chatelier em livros didáticos de química**. Dissertação (Mestrado) – USP, Faculdade de Educação, Instituto de Física, Instituto de Química e Instituto de Biociências – São Paulo, 2011.

FOGAÇA, J. R. V. Concentração em mol/L ou molaridade. **Brasil Escola**. Disponível em: <https://brasilescola.uol.com.br/quimica/concentracao-mol-l-ou-molaridade.htm>. Acesso em: 24 abr. 2020.

GONÇALVES, J. M.; ANTUNES, K. C. L.; ANTUNES, A. Determinação qualitativa dos íons cálcio e ferro em leite enriquecido. **Química Nova na Escola**, n. 14, p. 43-45, 2001.

GTECH SOLUÇÕES AMBIENTAIS. **Problemas causados pelo descarte inadequado de resíduos**. 10 maio 2018. Disponível em: <http://gtechsolucoes.com.br/descarte-inadequado-de-residuos/>. Acesso em: 24 abr. 2020.

HAGE, D. S.; CARR, J. D. **Química analítica e análise quantitativa.** São Paulo: Pearson Prentice Hall, 2012.

HARRIS, D. C. **Análise química quantitativa.** 6. ed. Rio de Janeiro: LTC, 2001.

HORWITZ, W. Evaluation of Analytical Methods Used for Regulation of Foods and Drugs. **Analytical Chemistry,** v. 54, n. 1, p. 67-76, Jan. 1982.

INMETRO. **Perguntas Mais Frequentes sobre Metrologia Científica – FAQ.** Disponível em <http://inmetro.gov.br/metcientifica/FAQ.asp?iacao=>. Acesso em: 24 abr. 2020.

MERCÊ, A. L. R. **Iniciação à química analítica quantitativa não instrumental.** 2. ed. Curitiba: InterSaberes, 2012.

PRESTON, D. W.; DIETZ, E.R. **The Art of Experimental Physics.** New York: John Wiley & Sons, 1991.

RAIJ, B. van. Determinação de cálcio e magnésio pelo EDTA em extratos ácidos de solos. **Bragantia,** Campinas, v. 25, n. 2, p. 317-326, 1966.

SKOOG, D. A. et al. **Fundamentos de química analítica.** São Paulo: Thomson, 2006.

SKOOG, D. A. et al. **Fundamentals of Analytical Chemistry.** 6. ed. Philadelphia: Saunders, 1992.

VIEIRA, S. **Fundamentos de estatística.** 6. ed. São Paulo: Atlas, 2019.

VOGEL, A. **Análise inorgânica quantitativa.** Rio de Janeiro: Guanabara Dois, 1990.

VOGEL, A. **Análise química quantitativa.** 6. ed. Rio de Janeiro: LTC, 2002.

Bibliografia comentada

CARVALHAL, D. **A química do dia a dia**. [S.l.]: Clube de Autores, 2019.

O livro explora temas do cotidiano, evitando a linguagem conceitual rebuscada, o que garante um primeiro contato com a química de modo mais sutil, por meio de temas ligados diretamente a fenômenos observados por todos no seu dia a dia.

CAVALCANTI, J. E. W. de A. **Manual de tratamento de efluentes industriais**. 3. ed. ampl. São Paulo: Engenho Editora Técnica, 2016.

A obra é direcionada aos profissionais da indústria, principalmente, no que concerne ao controle da poluição de efluentes e águas de reuso. Nela, você encontrará alternativas modernas e ecologicamente limpas que garantem o desenvolvimento de sistemas de tratamento sustentáveis, gerando o mínimo possível de resíduos e sempre objetivando o menor custo energético.

GRANATO, D.; NUNES, D. S. **Análises químicas, propriedades funcionais e controle de qualidade de alimentos e bebidas**: uma abordagem teórico-prática. Rio de Janeiro: Elsevier, 2016.

O livro descreve de forma teórica e prática importantes aspectos e medidas analíticas aplicadas a alimentos e bebidas, formando um grande conjunto de métodos quantitativos desse ramo da indústria. Além disso, parte do livro é dedicada a métodos de controle de qualidade do tema, o que pode ampliar os estudos abordados no presente livro.

LEITE, F. **Práticas de química analítica**. 3. ed. São Paulo: Átomo, 2012.

Coletânea de práticas de química analítica que envolve amostras reais presentes no cotidiano. Sua importância está, justamente, na oportunidade que você terá de conhecer situações práticas de resoluções de problemas laboratoriais, vivenciando a aplicação dos estudos teóricos e promovendo seu amadurecimento como profissional.

LEITE, F. **Validação em análise química**. 5. ed. Campinas, SP: Átomo, 2008.

No intuito de aprofundar a interpretação e processamento de dados de uma análise, recomendamos a leitura dessa obra, especialmente, para profissionais que trabalhem com produção e qualidade em indústrias e empresas.

Respostas

Capítulo 1

1. e
2. b
3. a
4. b
5. a
6. a
7. d
8. a
9. c
10. c

Capítulo 2

1. d
2. e
3. a
4. a
5. c

Capítulo 3

1. e
2. c
3. b
4. b
5. c

Capítulo 4

1. b
2. e
3. a
4. b
5. c

Capítulo 5

1. b
2. d
3. d
4. b
5. a

Capítulo 6

1. b
2. e
3. a
4. b
5. c
6. a
7. e
8. d
9. c
10. a

Sobre o autor

Roger Borges é doutor em Química Inorgânica pela Universidade Federal do Paraná (UFPR) e em Química de Materiais pela Université Clermont-Auvergne (UCA); mestre em Química Inorgânica pela UFPR; bacharel e licenciado em Química pela Universidade Tecnológica Federal do Paraná (UTFPR). Atualmente, está vinculado à Embrapa Instrumentação, de São Carlos, por pós-doutorado empresarial, atuando na formulação e avaliação de fertilizantes de liberação controlada. Foi professor substituto do Instituto Federal de Santa Catarina (IFSC), *campus* São Miguel do Oeste (2018). As áreas de atuação profissional e assuntos de interesse são tratamentos de resíduos sólidos de amianto, desenvolvimento de fertilizantes de liberação controlada, experimentação no ensino de química, metodologias alternativas – metodologias ativas no ensino.

Impressão:
Maio/20210